高职高专院校"十二五"规划教材

Web 程序设计
——ASP.NET 4.0

主　编：李冬睿　　李振军

副主编：杨　颖　　胡国生　　龙立功

　　　　李　梅　　许统德　　廖福保

西南师范大学 出版社

全国百佳图书出版单位　国家一级出版社

内 容 简 介

本书以项目为导向，使用分解知识点和任务的方式详细地介绍了使用 ASP.NET 4.0 开发一个完整的动态网站的基本知识和实用技巧。全书分为九个项目，主要内容包括：搭建 Web 程序的开发环境与使用环境，使用 HTML 创建静态页面，使用 ASP.NET 服务器控件创建页面，使用 ASP.NET 内置对象实现状态管理，使用 ADO.NET 访问数据库，使用数据控件创建页面，使用 LINQ 访问数据库，使用 ASP.NET 技术操作文件，配置和部署 ASP.NET Web 应用程序。本书重点介绍了 ASP.NET 常用控件的使用以及动态网站开发的实用技巧，并安排了一个与教学项目进度并行的实训项目，使读者学完教学项目后可以通过实训项目来巩固所学知识。此外每个项目下均配有习题，有助于读者对所学知识理解与掌握，提高和拓宽读者的实际技能。

本书结构清晰、内容详实，既可以作为高职高专院校及各类成人学校的教材，也可以作为从事网站开发与设计工作的专业技术人员的参考书。

图书在版编目(CIP)数据

Web 程序设计 ：ASP.NET 4.0 / 李冬睿，李振军主编
. — 重庆 ：西南师范大学出版社，2014.1（2019.1 重印）
ISBN 978-7-5621-6619-1

Ⅰ．①W… Ⅱ．①李… ②李… Ⅲ．①网页制作工具—程序设计 Ⅳ．① TP393.092

中国版本图书馆 CIP 数据核字（2014）第 014887 号

李冬睿 李振军 主编
策　　划：刘春卉 杨景罡
责任编辑：罗渝
特约编辑：周夏普
封面设计：华品教育（1920935353@qq.com）
出版发行：西南师范大学出版社
　　　　　地址：重庆市北碚区天生路 2 号
　　　　　邮编：400715 市场营销部电话：023-68868624
　　　　　网址：http://www.xscbs.com
印　　刷：重庆长虹印务有限公司
幅面尺寸：185mm×260mm
印　　张：16.25
字　　数：375 千
版　　次：2014 年 1 月　　第 1 版
印　　次：2019 年 1 月　　第 4 次印刷
书　　号：ISBN 978-7-5621-6619-1
定　　价：39.00 元

前 言

随着互联网的发展和广泛应用，掌握动态网站开发的方法和技巧变得越来越重要。ASP.NET 是微软公司推出的基于 .NET Framework 的 Web 应用开发平台，是 Web 应用开发的主流技术之一。使用 ASP.NET 开发动态网站，开发流程更加简单，开发周期更加短，程序结构更加清晰，从而可以提高开发效率。ASP.NET 4.0 是在 ASP.NET 3.5 的基础之上构建的，除了保留了过去版本的大部分功能外，还增加了一些其他领域的新功能和工具。

ASP.NET 动态网站可以使用 C# 或 Visual Basic.NET 语言开发，而本书采用 C# 语言编写。根据高职高专院校的教学改革和要求，本书打破了传统章节式大纲的编写方式，采用以项目导向的思路、任务分解的方式作为全书编写的脉络。本书由九个项目组成，按照项目由简单到复杂、实施难度由易到难的方式编排。每个项目按照完成项目的工作过程划分知识点和若干子任务，课后有相关习题和实训，实训项目与课堂教学项目同步，使学生可以边学边练。在学完课本内容后，学生便可以开发出两个网站，分别为学生信息管理系统网站和办公自动化系统网站，体现了"所学即所得"的效果。

本书最大的特色是注重项目实践，同时为体现高职教学理念"理论够用即可，强调实践"的原则，本书以教学项目为主线，带动理论的学习。通过将完整的学生信息管理系统项目贯穿此书，学生可以对使用 ASP.NET 开发一个完整的网站有整体了解，减少对项目的盲目感和神秘感，能够根据本书的体系循序渐进地动手做出自己的实训项目来。

参与本书编写的老师均拥有丰富的 ASP.NET 开发及 C# 课程教学经验。本书由李冬睿、李振军任主编，杨颖、胡国生、龙立功、李梅、许统德、廖福保任副主编，全书由李冬睿负责规划与统稿。本书在编写的过程中得到许多专业人士提供的宝贵意见和帮助，特此感谢。

本书所有实例均在 Visual Studio 2010 环境下调试通过。为方便教学，本书配有课堂实例源代码以及电子教案，如有需要，请发邮件至 xnsdcbs@126.com 索取。

编 者

目　　录

项目一　搭建 Web 程序的开发环境与使用环境 1

1.1　认识 Web 程序设计 1

1.1.1　知识：Web 程序设计的基本知识 1

1.1.2　任务：学生信息管理系统网站的初步认识 5

1.1.3　实训：办公自动化系统网站的初步认识 7

1.2　搭建 Web 程序设计的开发环境 8

1.2.1　知识 1：ASP.NET 简介 8

1.2.2　知识 2：配置 Web 程序的运行环境 10

1.2.3　任务：安装并检测 Web 程序的运行环境 11

1.2.4　实训：虚拟目录的配置与管理 13

1.3　学会使用 Visual Studio 2010 创建欢迎页面 13

1.3.1　知识：Visual Studio 2010 的使用 13

1.3.2　任务：创建学生信息管理系统网站的欢迎页面 14

1.3.3　实训：创建办公自动化系统网站的欢迎页面 16

1.4　掌握使用 Visual Studio 2010 母版页的方法 16

1.4.1　知识：ASP.NET 4.0 的母版页 16

1.4.2　任务：在学生信息管理系统网站中创建并使用母版页 16

1.4.3　实训：在办公自动化系统网站中创建并使用母版页 18

习题 18

项目二　使用 HTML 创建静态页面 20

2.1　了解 HTML 基本标记 20

2.1.1　知识：HTML 基本标记 20

2.1.2　任务：创建学生信息管理系统网站主页 23

2.1.3　实训：创建办公自动化系统网站主页 27

2.2　学会 HTML 表单的应用 28

2.2.1　知识：HTML 表单 28

2.2.2　任务：创建学生信息管理系统网站的登录页面 31

2.2.3　实训：创建办公自动化系统网站的日程安排录入页面 36

2.3　掌握 CSS 样式表 36

2.3.1　知识：CSS 样式表 36

2.3.2　任务：为页面添加 CSS 样式 43

2.3.3　实训：用 CSS 样式表美化办公自动化系统首页.................................. 45

2.4　掌握 JavaScript 的使用方法... 45

2.4.1　知识：JavaScript 语言... 45

2.4.2　任务：为页面添加 JavaScript 特效... 57

2.4.3　实训：实现 JavaScript 日历效果... 59

习题... 59

项目三　使用 ASP.NET 服务器控件创建页面..................................... 61

3.1　了解 Web 服务器控件... 61

3.1.1　知识 1：服务器控件知识介绍.. 61

3.1.2　知识 2：常用 Web 服务器控件... 62

3.1.3　任务：创建学生信息管理系统网站的注册页面................................. 64

3.1.4　实训：创建办公自动化系统的人事档案录入页面.............................. 68

3.2　学会使用数据验证控件校验页面数据.. 69

3.2.1　知识：数据验证控件介绍.. 69

3.2.2　任务：为学生信息管理系统的注册页面加入数据验证功能.................. 76

3.2.3　实训：为办公自动化系统的人事档案管理页面加入数据验证功能.......... 80

习题... 81

项目四　使用 ASP.NET 内置对象实现状态管理................................. 83

4.1　了解 ASP.NET 状态管理... 83

4.1.1　知识 1：状态管理的类型.. 83

4.1.2　知识 2：应用程序变量和会话变量.. 91

4.1.3　任务：使用 Application 变量记录学生信息管理系统的在线人数.......... 95

4.1.4　实训：实现办公自动化系统中的远程会议功能................................. 97

4.2　学会使用 Session 存储信息.. 97

4.2.1　任务：使用 Session 变量记录用户访问学生信息管理系统的次数......... 97

4.2.2　实训：完善办公自动化系统中的远程会议功能................................. 98

4.3　学会使用 Cookies 存储信息... 99

4.3.1　知识：Cookies.. 99

4.3.2　任务：使用 Cookies 存储用户名和用户 ID 的信息........................... 101

4.3.3　实训：实现办公自动化系统中的自动考勤功能................................. 102

4.3.4　拓展 1：Response 对象和 Request 对象... 102

4.3.5　拓展 2：Server 对象.. 108

习题... 109

项目五　使用 ADO.NET 访问数据库... 111

5.1　了解 ADO.NET.. 111

5.1.1 知识1：ADO.NET 入门 111

5.1.2 知识2：连接数据库 113

5.1.3 任务：学生信息管理系统与 SQL Server 数据库的连接 113

5.1.4 实训：办公自动化系统与 SQL Server 数据库的连接 115

5.2 掌握 DataReader 和 Command 对象的使用方法 115

5.2.1 知识：DataReader 对象和 Command 对象 115

5.2.2 任务1：使用 DataReader 对象显示学生信息查询结果 116

5.2.3 任务2：使用 Command 对象的 ExecuteScaler 方法统计学生总数 118

5.2.4 任务3：使用 Command 对象的 ExecuteNonQuery 方法新增一条学生记录 ... 119

5.2.5 实训：使用 DataReader 和 Command 对象显示相关数据 121

5.3 掌握 DataSet 和 DataAdapter 对象的使用方法 121

5.3.1 知识：使用 DataSet 访问数据 121

5.3.2 任务1：使用 DataSet 与 DataAdapter 显示学生信息查询结果 124

5.3.3 任务2：使用 DataSet 与 DataAdapter 增加学生记录 125

5.3.4 实训：使用 DataSet 显示人事档案的查询结果 131

5.3.5 拓展1：使用多个表 131

5.3.6 拓展2：使用 DataView 对象 133

习题 137

项目六 使用数据控件创建页面 138

6.1 了解数据绑定并掌握利用 GridView 控件显示数据 138

6.1.1 知识1：数据绑定 138

6.1.2 知识2：GridView 控件 139

6.1.3 任务：创建学生信息管理系统的信息查询页面 139

6.1.4 实训：创建办公自动化系统的人事档案查询页面 146

6.2 掌握利用 GridView 控件管理数据 146

6.2.1 任务：创建学生信息管理系统的信息管理页面 146

6.2.2 实训：创建办公自动化系统的人事档案管理页面 150

6.3 掌握 DetailsView 控件的使用 150

6.3.1 知识：DetailsView 控件 150

6.3.2 任务：利用 DetailsView 创建学生信息管理系统的信息管理页面 151

6.3.3 实训：利用 DetailsView 创建办公自动化系统的人事档案管理页面 153

6.4 掌握 Repeater 控件的使用 153

6.4.1 知识：Repeater 控件 153

6.4.2 任务：使用 Repeater 显示学生信息查询页面 154

6.4.3 实训：利用 Repeater 创建办公自动化系统的人事档案查询页面 155

6.5 掌握 DataList 控件的使用 155

6.5.1 知识：DataList 控件 155

6.5.2　任务：使用 DataList 显示学生信息查询页面................................. 156

6.5.3　实训：利用 DataList 创建办公自动化系统的人事档案查询页面............. 157

6.6　掌握其他数据绑定控件的使用... 158

6.6.1　知识：Chart 控件.. 158

6.6.2　任务：使用 Chart 控件显示学生单科成绩对比图......................... 159

6.6.3　拓展：其他数据绑定控件——DropDownList........................... 161

习题.. 163

项目七　使用 LINQ 访问数据库....................................... 164

7.1　了解 LINQ.. 164

7.1.1　知识：LINQ 介绍.. 164

7.1.2　任务：用 LINQ 实现学生信息管理系统的查询........................ 165

7.1.3　实训：用 LINQ 实现人事档案管理的信息查询......................... 166

7.2　掌握利用 LINQ 实现数据的增、删、改操作................................ 167

7.2.1　知识：LINQ 到 ADO.NET.. 167

7.2.2　任务：用 LINQ 实现学生信息管理系统的增、删、改操作............. 168

7.2.3　实训：用 LINQ 实现人事档案管理信息的增、删、改操作............. 178

7.3　掌握利用 LinqDataSource 控件实现数据的增、删、改操作.................. 178

7.3.1　知识：LinqDataSource 控件.. 178

7.3.2　任务：用 LinqDataSource 控件实现学生信息管理系统的增、删、改操作.... 183

7.3.3　实训：用 LinqDataSource 控件实现人事档案管理信息的增、删、改操作.... 186

7.4　掌握 QueryExtender 控件的使用方法..................................... 186

7.4.1　知识：QueryExtender 控件... 186

7.4.2　任务：用 QueryExtender 控件实现学生信息管理系统的数据筛选功能..... 187

7.4.3　实训：用 QueryExtender 实现人事档案管理的数据筛选功能.............. 191

习题.. 192

项目八　使用 ASP.NET 技术操作文件.................................. 193

8.1　了解 ASP.NET 对文件的操作方法.. 193

8.1.1　知识：文件操作知识介绍... 193

8.1.2　任务 1：判断文件是否存在... 195

8.1.3　任务 2：将页面输入的数据写进文件保存............................. 195

8.2　掌握文件的上传和下载方法.. 197

8.2.1　知识：文件上传控件 FileUpload 介绍................................ 197

8.2.2　任务 1：实现文件上传功能... 197

8.2.3　任务 2：将数据库的数据导出到文件.................................. 199

8.2.4　任务 3：将从页面输入的学生信息保存成文件......................... 200

8.2.5　实训：创建人事档案信息保存页面................................... 202

8.3　掌握文件和文件夹的操作方法 ⋯⋯⋯⋯⋯⋯⋯⋯⋯⋯⋯⋯⋯⋯⋯ 202

8.3.1　任务 1：实现文件的移动操作 ⋯⋯⋯⋯⋯⋯⋯⋯⋯⋯⋯⋯⋯⋯⋯ 202

8.3.2　任务 2：创建文件夹的应用 ⋯⋯⋯⋯⋯⋯⋯⋯⋯⋯⋯⋯⋯⋯⋯ 203

8.3.3　拓展：文件录入数据库和从数据库导出 ⋯⋯⋯⋯⋯⋯⋯⋯⋯ 204

8.3.4　实训：创建人事档案文件管理页面 ⋯⋯⋯⋯⋯⋯⋯⋯⋯⋯⋯ 207

习题 ⋯⋯⋯⋯⋯⋯⋯⋯⋯⋯⋯⋯⋯⋯⋯⋯⋯⋯⋯⋯⋯⋯⋯⋯⋯⋯⋯⋯⋯ 207

项目九　配置和部署 ASP.NET Web 应用程序 ⋯⋯⋯⋯⋯⋯⋯⋯⋯⋯ 209

9.1　掌握配置 ASP.NET Web 应用程序的方法 ⋯⋯⋯⋯⋯⋯⋯⋯⋯ 209

9.1.1　知识：配置 ASP.NET Web 应用程序 ⋯⋯⋯⋯⋯⋯⋯⋯⋯⋯ 209

9.1.2　任务：使用 Web. 列举 Config 文件配置 Web 应用程序 ⋯⋯ 212

9.2　掌握部署 ASP.NET Web 应用程序的方法 ⋯⋯⋯⋯⋯⋯⋯⋯⋯ 214

9.2.1　知识：部署 ASP.NET Web 应用程序 ⋯⋯⋯⋯⋯⋯⋯⋯⋯⋯ 214

9.2.2　任务 1：部署 Web 应用程序 ⋯⋯⋯⋯⋯⋯⋯⋯⋯⋯⋯⋯⋯⋯ 216

9.2.3　任务 2：更新 Web 应用程序 ⋯⋯⋯⋯⋯⋯⋯⋯⋯⋯⋯⋯⋯⋯ 216

习题 ⋯⋯⋯⋯⋯⋯⋯⋯⋯⋯⋯⋯⋯⋯⋯⋯⋯⋯⋯⋯⋯⋯⋯⋯⋯⋯⋯⋯⋯ 217

附录 A：C# 语言基础 ⋯⋯⋯⋯⋯⋯⋯⋯⋯⋯⋯⋯⋯⋯⋯⋯⋯⋯⋯⋯⋯ 218

A.1　简单的 C# 程序 ⋯⋯⋯⋯⋯⋯⋯⋯⋯⋯⋯⋯⋯⋯⋯⋯⋯⋯⋯⋯⋯ 218

A.2　C# 的基本语法 ⋯⋯⋯⋯⋯⋯⋯⋯⋯⋯⋯⋯⋯⋯⋯⋯⋯⋯⋯⋯⋯ 218

A.2.1　标识符 ⋯⋯⋯⋯⋯⋯⋯⋯⋯⋯⋯⋯⋯⋯⋯⋯⋯⋯⋯⋯⋯⋯⋯⋯ 218

A.2.2　数据类型 ⋯⋯⋯⋯⋯⋯⋯⋯⋯⋯⋯⋯⋯⋯⋯⋯⋯⋯⋯⋯⋯⋯⋯ 219

A.2.3　常量与变量 ⋯⋯⋯⋯⋯⋯⋯⋯⋯⋯⋯⋯⋯⋯⋯⋯⋯⋯⋯⋯⋯⋯ 220

A.2.4　类型转换 ⋯⋯⋯⋯⋯⋯⋯⋯⋯⋯⋯⋯⋯⋯⋯⋯⋯⋯⋯⋯⋯⋯⋯ 221

A.3　运算符与表达式 ⋯⋯⋯⋯⋯⋯⋯⋯⋯⋯⋯⋯⋯⋯⋯⋯⋯⋯⋯⋯⋯ 221

A.3.1　算术运算符 ⋯⋯⋯⋯⋯⋯⋯⋯⋯⋯⋯⋯⋯⋯⋯⋯⋯⋯⋯⋯⋯⋯ 222

A.3.2　赋值运算符 ⋯⋯⋯⋯⋯⋯⋯⋯⋯⋯⋯⋯⋯⋯⋯⋯⋯⋯⋯⋯⋯⋯ 222

A.3.3　关系运算符 ⋯⋯⋯⋯⋯⋯⋯⋯⋯⋯⋯⋯⋯⋯⋯⋯⋯⋯⋯⋯⋯⋯ 222

A.3.4　逻辑运算符 ⋯⋯⋯⋯⋯⋯⋯⋯⋯⋯⋯⋯⋯⋯⋯⋯⋯⋯⋯⋯⋯⋯ 222

A.3.5　条件运算符 ⋯⋯⋯⋯⋯⋯⋯⋯⋯⋯⋯⋯⋯⋯⋯⋯⋯⋯⋯⋯⋯⋯ 222

A.3.6　运算符的优先级 ⋯⋯⋯⋯⋯⋯⋯⋯⋯⋯⋯⋯⋯⋯⋯⋯⋯⋯⋯⋯ 223

A.4　流程控制语句 ⋯⋯⋯⋯⋯⋯⋯⋯⋯⋯⋯⋯⋯⋯⋯⋯⋯⋯⋯⋯⋯⋯ 223

A.4.1　条件语句 ⋯⋯⋯⋯⋯⋯⋯⋯⋯⋯⋯⋯⋯⋯⋯⋯⋯⋯⋯⋯⋯⋯⋯ 223

A.4.2　循环语句 ⋯⋯⋯⋯⋯⋯⋯⋯⋯⋯⋯⋯⋯⋯⋯⋯⋯⋯⋯⋯⋯⋯⋯ 225

A.5　数组 ⋯⋯⋯⋯⋯⋯⋯⋯⋯⋯⋯⋯⋯⋯⋯⋯⋯⋯⋯⋯⋯⋯⋯⋯⋯⋯ 226

A.5.1　一维数组 ⋯⋯⋯⋯⋯⋯⋯⋯⋯⋯⋯⋯⋯⋯⋯⋯⋯⋯⋯⋯⋯⋯⋯ 226

A.6　面向对象程序设计 ⋯⋯⋯⋯⋯⋯⋯⋯⋯⋯⋯⋯⋯⋯⋯⋯⋯⋯⋯⋯ 226

A.6.1　面向对象的基本概念 ⋯⋯⋯⋯⋯⋯⋯⋯⋯⋯⋯⋯⋯⋯⋯⋯⋯⋯ 226

A.6.2　C# 语言中的类 227

A.6.3　类的继承 228

A.6.4　接口 229

A.7　异常处理 230

A.7.1　try…catch…finally 230

附录 B：综合项目要求 232

B.1　项目目标 232

B.2　项目要求 232

B.2.1　撰写综合项目的需求说明书 232

B.2.2　撰写综合项目设计的设计报告 232

B.3　基于 CMMI3 的软件文档写作模板 232

需求说明书 233

体系结构设计报告 236

数据库设计报告 239

用户界面设计报告 242

模块设计报告 245

参考文献 248

项目一　搭建 Web 程序的开发环境与使用环境

学习目标

☆ 了解 Web 程序设计的基础知识

☆ 了解 ASP.NET 4.0 的功能和作用

☆ 学会安装和配置 ASP.NET 的运行环境

☆ 能够使用 Visual Studio 2010 创建并运行一个 ASP.NET 应用程序

☆ 了解 ASP.NET 4.0 中母版页的使用方法

1.1　认识 Web 程序设计

1.1.1　知识：Web 程序设计的基本知识

1. 什么是 Web 应用程序？

互联网中有数以亿计的网站，用户可以通过浏览这些网站获得所需要的信息。那么这些网站都是如何运行的呢？举一个最简单的例子：当用户在浏览器的地址栏中输入"http://www.google.cn"的时候就会访问 Google 搜索引擎的首页，那么 Google 首页的内容是存放在哪里呢？计算机又是如何将其显示在浏览器中呢？

首先回答第一个问题：Google 首页的内容是存放在 Google 服务器上面的。服务器是网络中的一台主机，由于它提供 Web、FTP 等网络服务，因此称其为服务器。

那么计算机是如何将网页的内容显示在浏览器中呢？当用户在地址栏中输入 Google 网络地址（URL，即"统一资源定位"）的时候，浏览器会向 Google 的服务器发送 HTTP 请求，这个请求使用 HTTP 协议，其中包括请求的主机名、HTTP 版本号等信息。服务器在收到请求后，将回复的信息（一般是文字、图片等网页信息）准备好，再通过网络发回给客户端浏览器。客户端浏览器在接收到服务器传回的信息后，将其解释并显示在浏览器的窗口中，这样用户便可以进行浏览了。整个过程如图 1-1 所示。

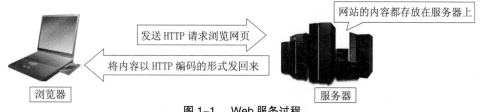

图 1-1　Web 服务过程

　　在这个过程中，如果在服务器上存放的网页为静态 HTML 网页文件，服务器会按原样返回网页的内容；如果存放的是动态网页，则服务器会执行动态网页，结果是生成一个 HTML 文件，然后将生成的 HTML 文件返回给客户端浏览器。

　　因此，动态网页和静态网页的根本区别在于：单纯由 HTML 所构建的静态页面，只能显示网页内容，无法与使用者产生互动，不能实现对不同的网页浏览状况做出响应，如不同的浏览者、浏览行为或浏览时间等。随着 Internet 的飞速发展，这种静态网页已无法满足人们的需求，人们更需要动态、交互的网页。为了让网页能依照不同的情况做出动态的响应，在网页中加入程序建立动态网页，成了网页制作技术的主要发展方向。

　　所谓 Web 应用程序，就是网页可以提供动态响应机制的程序。Web 应用程序提供动态信息，而不是静态的 HTML 文件，用户的输入或身份等都可以决定浏览器的显示内容。

2.Web 应用程序的体系结构是怎样的？

　　依照 Web 应用程序执行位置的不同，可以将 Web 应用程序分为客户端和服务器端两大类。

　　客户端和服务器端是 WWW 架构的两个主要组成部分。客户端即信息的接收者，是浏览网页的计算机和使用者的总称，而实际执行于计算机上供使用者浏览网页的软件为浏览器，目前常用的有微软公司（简称微软）的 Internet Explorer（简称 IE）和 Mozilla 的 Firefox。服务器端即信息的提供者，在此可以先简单地理解为 Web 服务器。Web 服务器是 WWW 的核心，由它提供各种形式的信息，用户可以采用 Web 浏览器来使用这些服务。

　　早期常用的 Web 应用程序的体系结构为客户端 / 服务器（Client/Server，简称 C/S）结构。应用程序分别存放在客户端和服务器上，客户端程序的任务是将用户的要求提交给服务器端程序，再将服务器端程序返回的结果以特定的形式显示给用户；服务器端程序的任务是接收客户程序提出的服务请求，进行相应的处理，再将结果返回给客户程序。这种模式在用户数据录入等方面很有优势，也降低了系统的通信开销，但是也有一定的不足之处。例如，当客户端的软件需要升级的时候，所有客户端都必须进行升级安装或者重新安装，这就给软件的使用者或系统管理员带来很大的不便。同时，由于不同的客户可能使用不同版本的客户端，在设计和升级服务器端软件的时候就不得不考虑到软件版本的兼容性，这对于程序员来说是一件痛苦的事情。

　　随着软件和网络的发展，目前，Web 应用程序多采用浏览器 / 服务器（Browser/Server，简称 B/S）结构。所有的应用程序都存放在 Web 服务器（如微软的 IIS）上，利用数据库服务器对分布在 Web 服务器上的大量信息进行动态管理，从而使所发布的信息具有交互性、动态性和实时性，客户端通过浏览器与服务器端软件进行交互并得到运行结果。这种结构节约了开发成本，而且便于软件升级和管理、维护，已成为当前首选的 Web 应用程序体系结构。

　　图 1-2 是 Web 应用程序两种体系结构的比较。

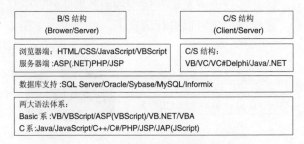

图 1-2　Web 应用程序的两种体系结构

B/S 结构的工作原理是：用户在客户端浏览器发出请求，要求访问 Web 服务器的某一页，Web 服务器检查文件的扩展名是不是服务器端程序要处理的网页（如 ASP、JSP、ASP.NET 等文件），如果是，Web 服务器会响应并处理。如果应用程序需要访问数据库，则 Web 服务器会利用相应的数据库访问技术来存取数据库服务器上的数据。如果有数据必须显示在浏览器上，则应用程序会形成动态的 HTML 文档，然后由 Web 服务器传送给前端的客户浏览器。

B/S 结构又分为两层、三层和多层 B/S 结构。图 1-3 为两层 B/S 结构示意图，其中显示逻辑层代表 Web 浏览器，应用程序和数据库均存放在数据库层（服务器）中。图 1-4 为三层 B/S 结构示意图，其中应用程序存放在商务逻辑层（应用程序服务器），而数据库专门存放在数据库层（数据库服务器）。图 1-5 为 N 层 B/S 结构示意图，应用程序通过若干 Web 服务访问数据库。

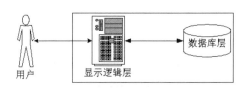

图 1-3 两层 B/S 结构示意图

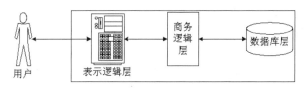

图 1-4 三层 B/S 结构示意图

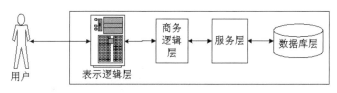

图 1-5 N 层 B/S 结构示意图

3. 常见的 Web 程序设计技术有哪几种？

目前常见的 Web 程序设计技术多种多样，比较流行的有 ASP、ASP.NET、JSP、PHP 等。

（1）ASP

ASP（Active Server Pages）是微软早期推出的动态网页制作技术，包含在 IIS（Internet Information Server，Internet 信息服务）中，是一种服务器端的脚本编写环境，使用它可以创建和运行动态、交互的 Web 服务器应用程序。在 ASP 中，可以综合使用 HTML、脚本和 ActiveX 组件等技术，创建交互的 Web 页和功能强大的基于 B/S 模式的应用程序。ASP 采用脚本语言 VBScript 或 JavaScript 作为开发语言，最早出现于 1996 年。由于 ASP 技术可以综合使用 HTML、脚本和 ActiveX 组件等技术，创建交互的 Web 页面和功能强大的基于 B/S 模式的应用程序，因此在 2000 年之前 ASP 是非常流行的创建 Web 程序的技术。但是，ASP 也有缺点：由于 ASP 的核心是脚本语言，无法进行底层操作；由于 ASP 通过解释执行代码，因此运行效率较低；同时由于脚本代码与 HTML 代码混在一起，不便于开发人员进行管理与维护。因此，ASP 技术目前已基本淘汰。

（2）JSP

JSP（Java Server Page）是 Sun 公司推出的一种 Web 程序开发语言。它的主要编程语言为 Java 语言，同时还支持 JavaBean/Servlet 等技术。由于 Java 语言的跨平台性，JSP 也可以跨平台运行；由于 JSP 是编译执行而不是解释执行，因此运行效率较高。

（3）PHP

PHP 是一种跨平台的服务器端嵌入式脚本语言，大量借用 C、Java 和 Perl 语言的语法，并且支持目前绝大多数数据库。PHP 是完全免费的，可以直接从 PHP 官方站点（http://www.php.net）自由下载，而且可以不受限制地获得源代码。PHP、MySQL 和 Linux 的组合是最常见的，因为它们都可以免费获得。但是 PHP 的弱点也很明显，例如 PHP 不支持真正意义上的面向对象编程，接口支持不统一，缺乏规模支持，不支持多层结构和分布式计算等。

表 1-1 为 ASP、JSP、PHP 三种 Web 程序设计技术的比较。

表 1-1　ASP、JSP、PHP 三种技术性能一览表

性能＼类别	ASP	JSP	PHP
平台	Windows	绝大多数流行平台，包括 Windows、MS－DOS、Linux 及其他 UNIX 系列平台产品	Windows、Linux、UNIX
Web 服务器	微软 IIS 或 PWS	支持多种 Web 服务器，包括 Apache、Netscape 和 IIS	支持多种 Web 服务器，如 IIS、Apache
跨平台访问	需要第三方引入产品	支持 Web 环境中不同系列的计算机群，可以使用各种工具提供商提供的工具	可跨平台运行
易学性	很容易	容易	很容易
速度	较快	快	较快
开销	较大	小	较大
扩展性	好	很好	不好
安全性	不好	好	好
应用度	较广泛	较广泛	较广泛

（4）ASP.NET

ASP.NET 是微软于 2002 年推出的全新动态网页制作技术，2010 年 ASP.NET 4.0 以及 .NET Framework 4.0 已经在 Visual Studio 2010 平台应用，目前最新的版本为 2012 年发布的 .NET Framework，已经在 Visual Studio 2012 平台应用。比起 ASP，ASP.NET 不再采用解释型的脚本语言，而是采用编译型的程序语言，如 C#、VB.NET 等，执行速度加快了许多；ASP.NET 把网页的内容和程序代码分开，这样使得页面的编码看起来井井有条，并且可以重复使用；ASP.NET 还通过使用服务器端控件等技术，使 ASP.NET 面向对象的特征更加明显，从而获得了更高的开发效率；另外，ASP.NET 还拥有许多优点，如更强大的错误处理和调试特性、更好的安全管理机制、更多的组件服务等。

总体来说,ASP.NET 依托 .NET 平台先进而强大的功能,极大地简化了编程人员的工作量,使得 Web 应用程序的开发更加方便、快捷,同时也使得程序的功能更加强大。

1.1.2 任务:学生信息管理系统网站的初步认识

本书以创建"学生信息管理系统网站"为教学项目,本书中的各任务将完成该网站的所有功能。该系统采用 B/S 结构,提供统一的系统平台,进行一站式综合管理,使用 ASP.NET 4.0 技术开发,综合采用了 Web 服务器控件、内置对象、ADO.NET 技术访问数据库等技术,后台数据库采用 SQL Server 2008,开发平台采用 Visual Studio 2010,编程语言采用 C#。其主要功能如图 1-6 所示。

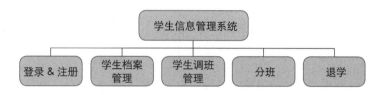

图 1-6 学生信息管理系统功能结构图

表 1-2 表示该系统所用数据库 StudentDB 中的数据表汇总。表 1-3 ~ 表 1-8 分别表示各数据表的数据字典。

表 1-2 表汇总

表名	功能说明
班别管理表 Class	对班级进行编码,设置班级所属专业、班级性质等基本属性
科目管理表 Course	对不同专业开设课程进行设置
专业设置表 Professtion	设置学校开设专业、学制等
成绩管理表 Score	录入和成绩构造
学生表 Student	学生可在学校同年级或不同年级班、专业间调整,并记录调班信息
用户管理表 UserManage	系统为"系统管理员"对使用本系统的用户提供了注册、授权等管理功能。通过授予不同的权限来分配用户不同的工作和保护数据

表 1-3 班别管理表

表名	中文名:	班别管理表		
	英文名:	Class		
列名	数据类型（精度范围）	空 / 非空	约束条件	
ID	int（4）	Not Null	主键约束	
ClassName	varchar（50）	Null		
ProfesstionName	varchar（50）	Null		
ClassKind	varchar（50）	Null		
CountStudent	int（4）	Null		
Counsellor	varchar（50）	Null		

表 1-4 　科目管理表

表名	中文名：	科目管理表	
	英文名：	Class	
列名	数据类型（精度范围）	空 / 非空	约束条件
ID	int（4）	Not Null	主键约束
CourseNumber	varchar（50）	Null	
CourseName	varchar（50）	Null	

表 1-5 　专业设置表

表名	中文名：	专业设置表	
	英文名：	Class	
列名	数据类型（精度范围）	空 / 非空	约束条件
ID	int（4）	Not Null	主键约束
ProfesstionName	varchar（50）	Not Null	主键约束
length_of_schooling	int（4）	Null	
Department	varchar（50）	Null	
ClassNumber	varchar（50）	Null	

表 1-6 　成绩管理表

表名	中文名：	成绩管理表	
	英文名：	Class	
列名	数据类型（精度范围）	空 / 非空	约束条件
ID	int（4）	Not Null	主键约束
Name	varchar（50）	Null	
Number	varchar（50）	Null	
CourseNumber	varchar（50）	Null	
Score	float（8）	Null	

表 1-7 　学生表

表名	中文名：	学生表	
	英文名：	Class	
列名	数据类型（精度范围）	空 / 非空	约束条件
ID	int（4）	Not Null	主键约束
Number	varchar（50）	Not Null	主键约束
Name	varchar（50）	Not Null	
Sex	varchar（50）	Not Null	
ProfesstionName	varchar（50）	Not Null	
Class	varchar（50）	Not Null	
StatusChange	varchar（50）	Null	

（接上页）表 1-7　学生表

列名	数据类型（精度范围）	空 / 非空	约束条件
Resume	varchar（50）	Null	
Ability	varchar（50）	Null	
Application	int（4）	Null	

表 1-8　用户管理表

表名	中文名：	用户管理表	
	英文名：	Class	
列名	数据类型（精度范围）	空 / 非空	约束条件
ID	int（4）	Not Null	主键约束
UserID	varchar（50）	Not Null	主键约束
UserName	varchar（50）	Null	
Password	varchar（50）	Null	
Agent	varchar（50）	Null	
PrimaryRight	varchar（50）	Null	
StatusRight	varchar（50）	Null	
ScoreRight	varchar（50）	Null	
DormRight	varchar（50）	Null	
TuitionRight	varchar（50）	Null	
EmploymentRight	varchar（50）	Null	
SetRight	varchar（50）	Null	

1.1.3　实训：办公自动化系统网站的初步认识

本书以创建"办公自动化系统网站"为实训项目，以带动"学生信息管理系统网站"教学项目的学习。该系统也是采用 ASP.NET 4.0 技术开发的 B/S 模式的网站，主要功能如图 1-7 所示。本书中的各实训将逐步完成该系统的主要功能。

图 1-7　办公自动化系统功能结构图

实训要求：

分析并列出办公自动化系统的数据字典。

1.2　搭建 Web 程序设计的开发环境

1.2.1　知识 1：ASP.NET 简介

1.ASP.NET 的发展历史

ASP.NET 是在 ASP 的基础上发展而来的，因此 ASP.NET 的发展历史应该从 1996 年说起。1996 年 ASP 1.0 诞生，它的诞生给 Web 开发界带来了福音。早期的 Web 程序开发是十分繁琐的，以至于要制作一个简单的动态页面需要编写大量的 C 代码才能完成，这对于普通的程序员来说太难了。而 ASP 却允许使用 VBScript 这种简单的脚本语言，编写嵌入在 HTML 网页中的代码。在进行程序设计的时候可以使用它的内部组件来实现一些高级功能（例如 Cookie）。它的最大的贡献在于它的 ADO（ActiveX Data Object），这个组件使得程序对数据库的操作十分简单，进行动态网页设计变得十分轻松。因此一夜之间，Web 程序设计不再是想象中的艰巨任务，仿佛大家都可以一显身手。

到了 1998 年，微软发布了 ASP 2.0。它是 Windows NT 4.0 Option Pack 的一部分，作为 IIS 4.0 的外接式附件。它与 ASP 1.0 的主要区别在于它的外部组件是可以初始化的，这样在 ASP 程序内部的所有组件都有了独立的内存空间，并可以进行事务处理。

到了 2000 年，随着 Windows 2000 的成功发布，这个操作系统的 IIS 5.0 所附带的 ASP 3.0 也开始流行。与 ASP 2.0 相比，ASP 3.0 的优势在于它使用了 COM+，因而其效率会比它前面的版本要好，并且更稳定。

2001 年，ASP.NET 1.0 版本出现了。在刚开始开发的时候，它的名字是 ASP+，但是为了与微软的 .NET 计划相匹配，并且要表明这个 ASP 版本并不是对 ASP 3.0 的补充，微软将其命名为 ASP.NET。ASP.NET 在结构上与前面的版本大相径庭，它几乎完全是基于组件和模块化的，Web 应用程序的开发人员使用这个开发环境可以实现更加模块化的、功能更强大的应用程序。之后推出的 ASP.NET 1.1 版本的变化则不是很大。

2005 年 11 月推出的 ASP.NET 2.0 技术是一种建立在公共语言运行库上的编程框架，可用于在服务器上开发强大的 Web 应用程序。ASP.NET 2.0 不但执行效率大大提高，对代码的控制也做得很好，并且支持 Web controls 功能和多种语言，以提高安全性、管理性和高扩展性。

ASP.NET 技术从 1.0 升级到 1.1 的变化不大，但是升级到 2.0，发生了相当大的变化。在开发过程中，微软深入市场，针对大量开发人员和软件使用者进行了卓有成效的调查，并为其指定了开发代号，ASP.NET 2.0 设计目标的核心，可以用一个词来形容——简化。因为其设计目的是将应用程序代码数量减少 70% 以上，改变过去那种需要编写很多重复行代码的状况，尽可能做到写很少的代码就可以完成任务。

2008 年，微软公布了 ASP.NET 的最新版本 ASP.NET 3.5 版。此版本支持 Visual Studio 2008 和 Visual Web Developer 2008 Express SP1 版本（该版本是免费的，

现在还支持类库和 Web 应用项目类型）。ASP.NET 3.5 保留了 ASP.NET 2.0 的很多特性，如连接数据库、读写文件、Web 控件等操作均没有变化，新功能主要体现在 LINQ（Language Integrated Query）和 ASP.NET AJAX 以及一些新的 Web 控件的使用上。

2010 年 ASP.NET 4.0 以及 .NET Framework 4.0 已经在 Visual Studio 2010 平台内应用。ASP.NET 4.0 改进了许多不同的场景集（set of scenarios），如 Webforms、Dynamic Data 以及基于 AJAX 的 Web 开发。此外还有许多对支撑 ASP.NET 的核心运行时环境的改进，比如 Caching、Session，还有 Request/Response 对象。2012 年最新版本 ASP.NET 4.5 以及 .Net Framework 4.5 已经在 Visual Studio 2012 平台应用。本书主要介绍 ASP.NET 4.0 版本。

2.ASP.NET 的特色

ASP.NET 的主要特色如下。

（1）网页内容和程序代码分离

把网页的内容和程序代码分开，这样使得页面的编码看起来井井有条并可以重复使用。这一点比起 ASP、JSP、PHP 三种在 HTML 代码中直接混合程序代码的方法，更便于程序的维护与管理，安全性也较高。

（2）多语言支持

ASP.NET 的另一特色是多语言支持，目前可支持的完全面向对象的程序语言有 C#、VB.NET 以及 J# 三种。其中，C# 是微软为 .NET 平台量身定做的新程序语言，它拥有像 VB.NET 一样的简单易用性，同时具备 C++ 的强大功能。

（3）执行效率更高

ASP.NET 不再采用解释性的脚本语言，而是采用编译型语言。ASP.NET 网页在第一次被调用时会被编译，然后缓冲在内存中，所以只有在第一次被调用时速度比较慢。随后的调用则不必进行编译，而是直接执行内存中的版本，执行速度加快了许多。

（4）面向对象的特性

除了程序设计语言是完全面向对象的之外，ASP.NET 中所有的东西也都是面向对象的，从变量、服务器端控件到网页，都可以以对象的方式对它们进行处理。采用面向对象机制，就是要用到对象的属性（Property）、方法（Method）和事件（Event），而采用"事件驱动"编程使 ASP.NET 编程更接近于 Windows 编程，程序编写更简单和直观。

（5）运行于 .NET 平台上

通过在 .NET 开发平台中嵌入 ASP.NET，微软将公共语言运行库（Common Language Runtime，简称 CLR）和类库的益处提供给开发者。ASP.NET 使用 CLR 来编译代码，管理执行，创造运行更快、表现更好的 Web 应用程序。此外，ASP.NET 使用类库让开发者更易于将 XML 格式数据合并到 Web 应用程序中，添加处理异常的代码，创建 UI 元素，并提供其他的编程功能。

此外，ASP.NET 还拥有许多优点，如更强大的错误处理和调试特性、更好的安全管理机制、更多的组件服务等。

3.ASP.NET 的运行环境

ASP.NET 需要一系列的运行环境支持。

（1）操作系统的支持

ASP.NET 被推荐运行在 Windows 操作系统下。以下操作系统均可运行 ASP.NET。

① Windows 2000（包含 Professional、Server 和 Advanced Server 三个版本）

② Windows XP SP3

③ Windows Server 2003 SP2

④ Windows Vista SP1（含）以后版本

⑤ Windows Server 2008（服务器核心角色不支持）

⑥ Windows 7

⑦ Windows Server 2008 R2（服务器核心角色不支持）

⑧ Windows 8

⑨ Windows Server 2012

不同版本的操作系统需要安装最新的 Server Pack，如 Windows 2000 系列需要安装 SP4。同时，操作系统还需要安装 Internet Explorer 5.5（IE 5.5）或以上版本的浏览器。

（2）.NET 环境

要正常运行 ASP.NET，还需要在电脑上安装 .NET 运行环境，即 .NET Framework。它可以直接从微软的网站上下载。

（3）其他软件要求

本书所使用的其他软件包括：SQL Server 2008, Visual Studio 2010，以便开发 Web 程序使用。如果只是运行 ASP.NET Web 程序，则可以不需 Visual Studio 2010，但需要安装 ADO.NET 数据访问组件（MDAC）2.7 以上版本，该软件也可以从微软的网站上下载。

1.2.2   知识 2：配置 Web 程序的运行环境

Web 应用程序需要 Web 服务器才能正常运行。在一个 Web 服务器上可能运行多个 Web 应用程序，如果不严格区分程序与程序之间的界限，应用程序之间有可能因互相访问而出现信息混乱、数据丢失等错误。同时，如果其中的一个应用程序崩溃，可能对其他应用程序造成影响。为了解决这个问题，可以分别为各个应用程序添加虚拟目录，添加虚拟目录后各个应用程序就可以在同一个 Web 服务器上运行了。

通常情况下，IIS 中一个虚拟目录下的所有文件组成一个 Web 应用程序。不同的虚拟目录代表着不同的 Web 应用程序。

虚拟目录又称为"别名"，以服务器作为根目录。默认情况下，IIS 服务器安装在 "C:\Inetpub\wwwroot" 目录下，它是默认的用于存放应用程序的主目录，该目录对应的 URL 为 "http://localhost" 和 "http:// 服务器域名"，是将来要访问应用程序的时候所要输入的 URL 地址的一部分。可以通过配置 IIS 服务器创建虚拟目录。

默认文档为使用者登入 Web 站点某目录时默认打开的网页，只要某目录下存在默认文档，则使用者登入此目录时，若未指定欲打开的网页，Web 服务器将会自动将默认文档传送给客户端。IIS 默认的文档为 default.htm、default.asp 或 default.aspx。因此，在 wwwroot 目录下的 default.htm、default.asp 或 default.aspx 将是使用者登入 Web 站点的第一个页面。可以通过配置 IIS 服务器改变默认文档。

1.2.3　任务：安装并检测 Web 程序的运行环境

1. 任务要求

安装 IIS 并检测 ASP.NET 的运行环境是否正常。

2. 解决步骤

以下操作环境为 WindowsXP。

（1）插入安装光盘，单击【开始】→【控制面板】→【添加或删除程序】→【添加 / 删除 Windows 组件】，打开如图 1-8 所示的"Windows 组件向导"对话框，然后选中"Internet 信息服务（IIS）"，单击"下一步"按钮，完成 IIS 的安装。

图 1-8　"Windows 组件向导"对话框

（2）用"记事本"新建一个文件，编写代码如下：

```
<html>
    <body>
        This is a test file!
    </body>
</html>
```

然后保存该文件，文件名为"1-01.aspx"，保存类型为"所有文件"，并保存到"D:\WebBook\task1"目录下。

（3）单击【开始】→【控制面板】→【管理工具】→【Internet 信息服务】，打开"Internet 信息服务"控制台，如图 1-9 所示。

图 1-9　"Internet 信息服务"控制台

（4）选中当前 Web 服务器上默认的 Web 站点，单击右键，指向快捷菜单中的【新建】→【虚拟目录】，进入"虚拟目录创建向导"，单击"下一步"按钮，进入如图 1-10 所示的"虚拟目录别名"对话框。

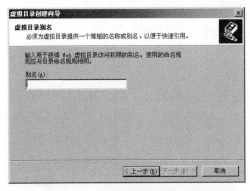

图 1-10　　"虚拟目录别名"对话框

（5）输入别名"WebBook"，单击"下一步"，进入如图 1-11 所示的"网站内容目录"对话框，单击"浏览"按钮，找到要指定为虚拟目录的目录"D:\WebBook"。

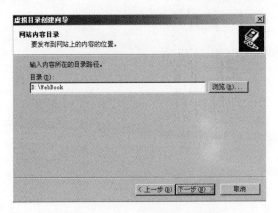

图 1-11　　"网站内容目录"对话框

（6）单击"下一步"按钮，进入"访问权限"对话框，采用默认的设置，最终完成虚拟目录的创建。

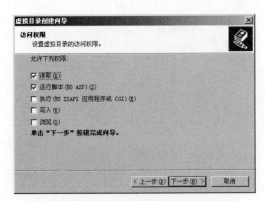

图 1-12　　"访问权限"对话框

（7）在 IE 浏览器的地址栏输入地址：http://localhost/WebBook/task1/1-01.aspx，即可浏览 1-01.aspx，如图 1-13 所示。

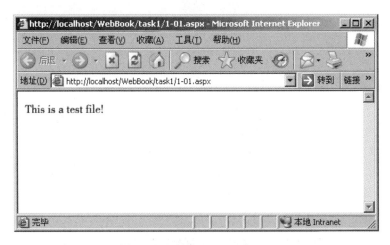

图 1-13　浏览 1-01.aspx 页面

1.2.4　实训：虚拟目录的配置与管理

实训要求：

在学生练习盘中建立练习文件夹"practice"，该文件夹将存储学生练习的所有文件。在默认 Web 站点中新建虚拟目录，虚拟目录指向"Practice"文件夹，设置 Web 虚拟目录的属性如下。

（1）设置虚拟目录访问权限：将"读取""运行脚本""写入""浏览"权限设置为"允许"，将"执行"权限设为"不允许"。

（2）设置虚拟目录默认文档：删除现有的默认文档，添加默认文档 index.aspx，文档内容自定。

（3）打开 IE 浏览器，地址栏中输入（URL）：http://localhost/practice，观测结果并分析。

1.3　学会使用 Visual Studio 2010 创建欢迎页面

1.3.1　知识：Visual Studio 2010 的使用

Visual Studio 2010 是一个用于在 .NET 平台上创建应用程序的图形集成开发环境。Visual Studio 2010 提供了图形化工具，从而更容易查找代码组件、跟踪任务、编辑和编译代码、指导调试，以及组织开发工作等。

1.3.2   任务：创建学生信息管理系统网站的欢迎页面

1. 任务要求

创建学生信息管理系统网站的欢迎页面，显示一行文字"欢迎访问学生信息管理系统网站！"。

2. 解决步骤

（1）单击【开始】→【程序】→【Microsoft Visual Studio 2010】→【Microsoft Visual Studio 2010】，启动 Visual Studio 2010。

（2）打开"文件"菜单，单击【新建网站】，打开如图 1-14 所示的"新建网站"对话框。

（3）在"模板"中选择"ASP.NET 网站"，语言选择"Visual C#"单击"浏览"按钮，选择一个存放本书案例的文件夹"WebBook"，单击"确定"按钮。至此，新建了一个名称为"WebBook"的网站。

图 1-14   "新建网站"对话框

（4）在"解决方案管理器"中右键单击网站"WebBook"，选择"新建文件夹"，新建一个"task1"的文件夹，保存本单元的案例。

（5）在"解决方案管理器"中右键单击"task1"，选择"添加新项"，打开"添加新项"对话框，如图 1-15 所示。

图 1-15   "添加新项"对话框

（6）在"模板"中选择"Web 窗体"，名称框输入"1-02.aspx"，语言选择"Visual C#"，单击"添加"按钮，Visual Studio 2010 窗口显示如图 1-16 所示。

图 1-16   Visual Studio 2010 界面

（7）单击"设计"视图，切换到"设计视图"。在左上角的"工具箱"中双击"Label1"控件，在页面中添加一个 Label 控件。鼠标右键单击"Label"控件，选择"属性"，打开"属性"面板，将 Label1 的"Text"属性设置为"欢迎访问学生信息管理系统网站！"。设置后的"属性"面板如图 1-17 所示。

提示：Visual Studio 2010 为网页的开发提供了两种视图方式："设计"视图和"源"视图。在"设计"视图中，程序员可以通过鼠标操作直接设计用户界面的布局，这就是"所见即所得"的特色，而在"源"视图中，会自动生成相应的代码。当然，程序员也可以通过直接在"源"视图中添加代码来实现网页开发。

图 1-17   Label 控件的"属性"面板

（8）保存文件。在"解决方案资源管理器"中鼠标右键单击"1-02.aspx"，选择"在浏览器中查看"，可以在 IE 浏览器中浏览此网页的运行结果，如图 1-18 所示。

图 1-18   1-02.aspx 网页的运行结果

提示：如果要设置网站的起始页（主页），可在"解决方案资源管理器"窗口中要设置的起始页文件上单击鼠标右键，选择"设为起始页"，此时可以直接单击工具栏中的" ▶ "按钮直接从该网页开始运行。

1.3.3　实训：创建办公自动化系统网站的欢迎页面

实训要求：

创建办公自动化系统网站的欢迎页面，显示欢迎文字。

1.4　掌握使用 Visual Studio 2010 母版页的方法

1.4.1　知识：ASP.NET 4.0 的母版页

ASP.NET 4.0 中提供了功能强大的母版页，Web 应用程序中的各个页面中所有不变的内容，如网站标题、公共标题、广告条、导航条、版权声明、联系信息等内容都可以放到母版页中，母版页中的内容将显示在所有的页面中。母版页类似于模板，扩展名是 .master。由于这些元素的统一布局，保证了整个程序中所有页面外观的一致性。

在整个应用程序中，各个页面又不完全相同。这些页面都以母版页为基础，在这些页面中包含除母版页外的非公共的内容部分，这部分称为内容页。内容页实际上就是普通的 aspx 页面。程序运行时，内容页和母版页的页面内容组合到一起，由母版页中的占位符包含内容页中的内容，最后将完整的页面发送给客户端浏览器。

1.4.2　任务：在学生信息管理系统网站中创建并使用母版页

1. 任务要求

创建学生信息管理系统的母版页，包括网站的公共标题、导航条以及版权声明、联系信息等内容，并将其应用于欢迎界面。整个母版页由四部分组成：头部、底部、左侧导航部分和右侧呈现内容的部分。

2. 解决步骤

（1）打开 Visual Studio 2010，打开 WebBook 网站，在解决方案资源管理器中，右键单击网站，选择"添加新项"命令，在打开的对话框中选择"母版页"选项，母版页的默认名称是 MasterPage.master，将其更名为 book.master。新建的母版页中只有一个容纳内容页的 Content Place Holder 控件，如图 1-19 所示。

（2）在"设计"视图中，单击页面最顶部，该处放置一个三行一列的布局表格，注意不要将布局表格放在 Content Place Holder 控件内。选择【表】→【插入表】命令，在打开的"插入表格"对话框中设置表格的行数为 3、列数为 1，然后单击"确定"按钮，如图 1-20 所示。

图 1-19 新建的母版页

图 1-20 "插入表格"对话框

（3）将光标置于表的第二行中。选择【表】→【修改】→【拆分单元格】命令，在"拆分单元格"对话框中，选择"拆分成列"，列数设置为2，再单击"确定"按钮。

（4）在表格第二行中，单击最左侧的列，然后在"属性"窗口中将其"Width"宽度设置为200，"Height"高度设置为200。单击第三行，然后在"属性"窗口中将其"Height"高度设置为50。

（5）在 task1 文件夹中添加现有项——网站公共标题文件 Top Title.gif，将 Top Title.gif 拖入表格第一行中。

（6）在表格第三行中插入版本信息"广东农工商职业技术学院计算机系 Web 程序设计课程组设计"；以及联系信息"电子邮箱：jsjx@gdaib.edu.cn"，并居中对齐。

（7）设置左侧导航部分。因为左侧导航部分需要链接到其他内容页，可先添加文本，以后再做超链接。

（8）将 Content Place Holder 控件拖到表格第二行第二列中，作为呈现内容的部分。设计好的母版页如图 1-21 所示。

图 1-21 母版页布局

（9）在 task1 中添加新 Web 窗体 1-03.aspx，在打开的对话框中选择"选择母版页"复选项，单击"添加"按钮。在打开的"选择母版页"对话框中选择新建的母版页 book.master，单击"确定"按钮。

（10）在用于添加内容的白色区域中输入文本"欢迎访问学生信息管理系统网站！"。

（11）在浏览器中查看 1-03.aspx，结果如图 1-22 所示。

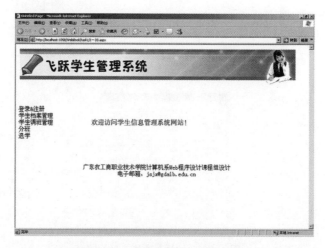

图 1-22   使用母版页后的欢迎界面

1.4.3   实训：在办公自动化系统网站中创建并使用母版页

实训要求：

创建办公自动化系统网站的母版页，母版页至少应包括如下内容。

（1）网站的公共标题设为"办公自动化系统"。

（2）导航条包括：日程安排、人事档案管理、远程会议、自动考勤、文件管理。

（3）版权声明包括：作者、联系信息。

（4）将该母版页应用于欢迎界面。

 习 题

一、选择题

1. 下面（   ）语言不是浏览器执行的。

（A）HTML   （B）JavaScript   （C）VBScript   （D）ASP.NET

2. 关于 B/S 和 C/S 编程体系，下面说法不正确的是（   ）。

（A）B/S 结构的编程语言分成浏览器端编程语言和服务器端编程语言。

（B）HTML 和 CSS 都是由浏览器解释的，JavaScript 语言和 VBScript 语言都是在浏览器上执行的。

（C）目前应用领域的数据库系统全部采用网状型数据库。

（D）JSP 是 Sun 公司推出的，是 J2EE 13 种核心技术中的一种。

3. 张三使用 163 拨号上网，访问新浪网站，（　　）是服务器端。

（A）张三的电脑　　　　　（B）163 的拨号网络服务器

（C）新浪网站　　　　　　（D）没有服务器

4. ASP. NET 不支持的应用程序文件类型扩展名是（　　）。

（A）.aspx　　　　（B）.asmx　　　　（C）.vb　　　　（D）.pas

二、填空题

1. 浏览器端语言包括：_____、CSS、_____和 VBScript 语言。

2. 进行应用开发，数据库支持是必需的。目前应用领域的数据库系统全部采用_____。

3. ASP. NET 通常可以使用三种脚本语言：_____、_____和_____。

三、问答题

1. 在 IE 浏览器的地址栏中分别输入以下地址，IE 浏览器会有什么反应，为什么？

- http://localhost/Exam/2-1.htm
- http://127.0.0.1/Exam/2-1.htm
- http:// 机器名 /Exam/2-1.htm

2. 如果 Web 服务器上有一个虚拟目录 myWeb，它指向服务器上的目录 d:\other\web。现在要访问 d:\other\web\webpage\mypage.html 文件，请写出 URL。

四、操作题

熟悉远程教学网站的基本功能

随着中国国力的提高和科学技术的发展，作为"国之根本"的教育，其信息化建设也明显加快了，最为突出的就是校园网遍地开花。但是目前普遍存在的问题是，许多校园网在配备了大量先进设备的同时，网络上的教学资源应用却相对匮乏，如何更好地利用网络来为课堂教学提供补充和提升，成为许多学校亟待解决的问题。

在此背景下，现要求开发一个远程教学网站，能够实现在线答疑、在线作业、在线测验、课程资源、论坛等多种功能。图 1-23 为远程教学网站的基本功能，分析并列出远程教学系统的数据字典。

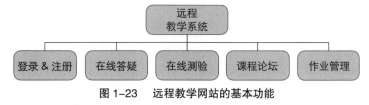

图 1-23　远程教学网站的基本功能

项目二　使用 HTML 创建静态页面

学习目标

☆ 了解 HTML 语言的基本特点
☆ 掌握常用 HTML 标记的功能和用法
☆ 制作表单网页
☆ 使用 CSS 样式表
☆ 了解 JavaScript 语言的基本特点

2.1　了解 HTML 基本标记

2.1.1　知识：HTML 基本标记

1. 什么是 HTML 语言？

HTML（Hyper Text Markup Language，超文本标识语言）是网页的基础语言，它通过利用各种标记（TAG）来标识文档的结构以及标识超级链接的信息。无论采用哪种技术进行 Web 开发，最终表现在用户浏览器中的还是 HTML 代码。因此，了解一些基本的 HTML 知识对今后的学习非常有帮助。

在 HTML 中，标记是用来界定各种单元的，如标题、段落、列表等。HTML 单元由三部分组成：起始标记、单元内容、结束标记。起始标记由"＜"和"＞"来界定，结束标记由"＜ /"和"＞"来界定，单元名称和属性由起始标记给出，格式如下：

＜标记名称 属性名 1＝属性值 1 属性名 2＝属性值 2 ……＞ 内容 ＜标记名称 /＞

例如，＜body background="images/bg.jpg" leftmargin="30"＞……＜/body＞ 表示将网页背景图像设为 images 文件夹中的 bg.jpg，页面左边距为 30 像素（px）。

整个 HTML 网页则通常是由两部分内容组成的：首部信息（HEAD）和文档主体（BODY），网页结构的总体框架如下：

```
＜ html ＞
＜ head ＞
＜!-- 首部元素、元素属性及基本内容。-->
```

< /head >

< body >

<!-- 主体元素、元素属性及基本内容。该部分显示在浏览器中。其中可以包含许多元素，如
<table><p><img><a> 等标记，是 HTML 语言的核心部分。-->

< /body >

< /html >

2. 如何创建 HTML 文档？

创建 HTML 文档的方式有很多，比如用 Dreamweaver、Microsoft Visual Studio 2010 等专业的工具软件来制作，或者用一些文本编辑工具如记事本、EditPlus 等程序来编辑 HTML 文档亦可。这里以 Dreamweaver CS6 为例，来学习编辑 HTML 文档的过程。

首先，打开"Dreamweaver CS6"程序，新建一个 HTML 文档，在"代码"视图中清空初始代码后，输入以下的源代码，标记字母大小写均可，将文件保存为 firstpage.html。

<html>

<head>

<meta http-equiv="Content-Type" content="text/html; charset=gb2312">

<title> 我的第一个网页 </title>

</head>

<body bgcolor="#FFFFFF" text="#000000">

<p align="center"><font size="12"><i><b><font face=" 楷体 _GB2312"><a href="http://www.gd-aib.edu.cn" target="_blank"> 欢迎进入学院主页 </a></font></b></i></font></p>

</body>

</html>

在 Dreamweaver CS6 "代码"视图中的编辑状态如图 2-1 所示。

图 2-1 使用 Dreamweaver CS6 的"代码"视图创建 HTML 文档

编辑完毕后保存该文档,并按快捷键【F12】调出浏览器预览,显示效果如图2-2所示。

图 2-2 一个简单的 HTML 网页

3. 常用的 HTML 标记有哪些?

现将一些经常用到的标记符基本用法总结在下面的列表中。

表 2-1 常用 HTML 标记用法

标记符	功能说明
<!-- -->	注释标记,为代码加上说明,但不被显示
<META>	开头说明,提供关于该网页的信息给浏览器
<TITLE></TITLE>	表示网页标题,显示于浏览器顶端
<P></P>	段落标记,表示另起一段,段落之间有一空白行
<Hn></Hn>	表示 n 级标题文字,如 <H1></H1> 表示一级标题文字,字体最大;<H6></H6> 表示六级标题文字,字体最小
 	换行标记,使内容显示于下一行
<HR>	水平线,插入一水平线
<B></B>	粗体标记,产生字体加粗的效果
<I></I>	斜体标记,字体出现斜体效果
<FONT></FONT>	字体标记,设置字体、大小、颜色等
<OL></OL>	创建一个标有数字的有序列表
<UL></UL>	创建一个标有圆点●的无序列表
<LI>	表示列表项
<TABLE></TABLE>	表格标记
<TR></TR>	表示表格中的行
<TD></TD>	表示表格内的单元格
<IMG SRC=" ...... ">	插入图片
<A HREF=" …… "></A>	超链接标记
<DIV></DIV>	可定义网页中的内容区块,结合 CSS 样式可进行网页布局

2.1.2　任务：创建学生信息管理系统网站主页

1. 任务要求

创建学生信息管理系统网站主页，如图 2-3 所示。

要求：页面中包含标题图片、Flash 导航按钮、排版表格、文字链接和版权声明等内容。

2. 解决步骤

（1）打开"Dreamweaver CS6"程序，新建 HTML 文档，进入"代码"视图，文档标题设置为"飞跃学生管理系统"，将该文档保存为 index.html，如图 2-4 所示。

图 2-3　学生信息管理系统网站主页

图 2-4　设置网页标题

（2）在 `<body>`……`</body>` 中输入以下代码，添加各个区块的 div 标记，如图 2-5 所示。

<div id="container">
<div id="banner"></div>
<div id="link"></div>
<div id="content"></div>
<div id="footer"></div>
</div>

图 2-5   添加 div 标记

（3）接下来在各个 div 区块中添加相应的内容。光标置于 <div id="banner"> 与 </div> 之间，选择【插入】→【图像】命令，插入文件夹 IMG 中的图像 TopTitle.gif。

（4）光标置于 <div id="link"> 与 </div> 之间，选择【插入】→【媒体】→【SWF】命令，插入文件夹 IMG 中的 Flash 动画文件 Menu.swf。

（5）光标置于 <div id="content"> 与 </div> 之间，输入文字"基本信息管理系统"。选中该文字，在下方属性面板的"格式"中设置"标题三"，此时文字前后会自动生成 <h3> 标记，如图 2-6 所示。

图 2-6   设置文字为"标题三"格式

（6）在"<h3> 基本信息管理系统 </h3>"后回车，输入以下代码。

<p> 设置专业 </p>
<p> 班级设置 </p>
<p> 科目设置 </p>

（7）选中这三行代码，在属性面板中单击"项目列表"按钮，如图 2-7 所示。

（8）选中文字"设置专业"，在属性面板中设置"链接"为"Proferssion.aspx"，如图 2-8 所示。

（9）用同样的方法，分别设置文字"班级设置"的超链接地址为"PrimaryClass.aspx"，文字"科目设置"的超链接地址为"PrimarySubject.aspx"，如图 2-9 所示。

图 2-7 生成项目列表

图 2-8 设置文字"设置专业"的超链接地址

图 2-9 设置文字"班级设置""科目设置"的超链接地址

（10）光标置于<div id="footer">与</div>之间，输入以下版权信息的内容。

广东农工商职业技术学院计算机系 *Web* 程序设计课程组设计

电子邮箱：*jsjx@gdaib.edu.cn*

（11）单击"文档"工具栏中的"设计"视图按钮，进入"设计"视图中查看网页效果，如图 2-10 所示。按快捷键【F12】可在浏览器中预览网页效果。

完整的 HTML 源代码如下。

```
<!DOCTYPE html PUBLIC "—//W3C//DTD XHTML 1.0 Transitional//EN""http://www.w3.org/TR/
xhtml1/DTD/xhtml1-transitional.dtd">
<html xmlns="http://www.w3.org/1999/xhtml">
<head>
<meta http-equiv="Content-Type" content="text/html;
charset=utf-8" />
<title> 飞跃学生管理系统 </title>
<script src="Scripts/swfobject_modified.js" type="text/javascript"></script>
</head>

<body>
<div id="container">
<div id="banner"><img src="IMG/TopTitle.gif" width="764"height="94" /></div>
<div id="link">
  <object id="FlashID" classid="clsid:D27CDB6E-AE6D-11cf-96B8-444553540000" width="764"
height="75">
    <param name="movie" value="IMG/Menu.swf" />
    <param name="quality" value="high" />
    <param name="wmode" value="opaque" />
    <param name="swfversion" value="6.0.65.0" />
    <!-- 此 param 标签提示使用 Flash Player 6.0 r65 和更高版本的用户下载最新版本的 Flash
Player。如果您不想让用户看到该提示，请将其删除。 -->
    <param name="expressinstall" value="Scripts/expressInstall.swf" />
    <!-- 下一个对象标签用于非 IE 浏览器。所以使用 IECC 将其从 IE 隐藏。 -->
    <!--[if !IE]>-->
    <object type="application/x-shockwave-flash" data="IMG/Menu.swf" width="764" height="75">
      <!--<![endif]-->
      <param name="quality" value="high" />
      <param name="wmode" value="opaque" />
      <param name="swfversion" value="6.0.65.0" />
      <param name="expressinstall" value="Scripts/expressInstall.swf" />
      <!-- 浏览器将以下替代内容显示给使用 Flash Player 6.0 和更低版本的用户。 -->
      <div>
          <h4> 此页面上的内容需要较新版本的 Adobe Flash Player。 </h4>
          <p><a href="http://www.adobe.com/go/getflashplayer"><img src="http://www.adobe.com/
images/shared/download_buttons/get_flash_player.gif" alt=" 获 取 Adobe Flash Player" width="112"
height="33" /></a></p>
      </div>
      <!--[if !IE]>-->
    </object>
    <!--<![endif]-->
  </object>
</div>
```

```
<div id="content">
    <h3> 基本信息管理系统 </h3>
    <ul>
        <li><a href="Proferssion.aspx"> 设置专业 </a></li>
        <li><a href="PrimaryClass.aspx"> 班级设置 </a></li>
        <li><a href="PrimarySubject.aspx"> 科目设置 </a></li>
    </ul>
</div>
<div id="footer">
广东农工商职业技术学院计算机系 Web 程序设计课程组设计 <br>
电子邮箱：jsjx@gdaib.edu.cn
</div>
</div>
<script type="text/javascript">
swfobject.registerObject("FlashID");
</script>
</body>
</html>
```

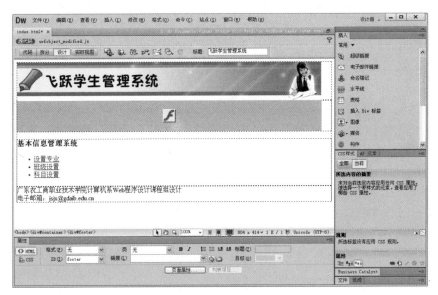

图 2-10　"设计"视图中的网页效果

2.1.3　实训：创建办公自动化系统网站主页

实训要求：

制作办公自动化系统网站主页，包括版头、导航、主内容、版权声明等部分，建议采用 div 布局，利用图片加以美化，页面需尽量美观、整齐，具体要求如下。

（1）首页标题设为"办公自动化系统首页"。

（2）插入一幅背景图片。

（3）使用一级标题在页面顶端显示"办公自动化系统"。

（4）插入网站 Logo。

（5）导航条包括：日程安排、人事档案管理、远程会议、自动考勤、文件管理。

（6）插入一幅办公自动化相关的图片。

（7）插入 Flash 动画。

（8）使用三级标题在页面底端显示版权信息。

2.2 学会 HTML 表单的应用

2.2.1 知识：HTML 表单

1. 什么是 HTML 表单？

表单一般用来收集用户输入的信息，它提供了用户和网站之间进行信息交互的渠道。网页中常使用表单来建立搜索、查询、申请页面、进行各种调查以及收集订购信息等。当用户填写完信息后做提交操作，表单的内容就从客户端的浏览器传送到服务器上，经过服务器上的后台程序处理后，再将用户所需信息传送回客户端的浏览器上，这样网页就具有了交互性。

表单区域用 <form></form> 标记来表示，即定义表单的开始和结束位置，在标记之间的一切都属于表单的内容。例如：<form action="index.aspx" method="post">……</form>。<form> 标记具有 action、method、target 等属性，其中为了能接受浏览者所发送的数据，在 Web 服务器内必须有一个服务程序来接收，而 action 属性则可以指定接收表单数据的程序所在地址；method 属性设定表单传输数据到 Web 服务器时的方法，包括 get 和 post 两种方法；target 属性则用来指定目标窗口。

2. 常用的表单对象包括哪些？

为了方便用户输入信息，以实现整个表单的交互功能，<form> 与 </form> 标记之间可以包括文本域、复选框、单选框、列表 / 菜单、按钮、图像域、文件域、隐藏域等 8 个对象。

（1）文本域

文本域接受任何类型的字母数字文本输入内容，如图 2-11 所示。文本可以单行或多行显示，也可以密码域的方式显示，在这种情况下，输入文本将被替换为星号或项目符号，以避免旁观者看到这些文本。不过使用密码域发送到服务器的密码及其他信息并未进行加密处理，所传输的数据可能会以字母数字文本形式被截获并被读取。因此，始终应对要确保安全的数据进行加密。

文本域的 HTML 代码如下。

```
<input type="text" name="textfield" size="20"> 单行文本域
<input type="password" name="textfield2" size="18"> 密码文本域
<textarea name="textfield3" cols="22" rows="2"></textarea> 多行文本域
```

图 2-11　文本域　　　　　　　图 2-12　复选框

（2）复选框

复选框允许在一组选项中选择多个选项，用户可以选择任意多个适用的选项，如图 2-12 所示。复选框的 HTML 代码如下。

```
<input type="checkbox" name="checkbox" value="01"> 选项一
<input type="checkbox" name="checkbox2" value="02"> 选项二
<input type="checkbox" name="checkbox3" value="03"> 选项三
<input type="checkbox" name="checkbox4" value="04"> 选项四
```

（3）单选按钮

在某单选按钮组中选择一个按钮，就会取消选择该组中的所有其他按钮，如图 2-13 所示。单选按钮的 HTML 代码如下。

```
<input type="radio" name="radiobutton" value="01"> 选项一
<input type="radio" name="radiobutton" value="02"> 选项二
<input type="radio" name="radiobutton" value="03"> 选项三
<input type="radio" name="radiobutton" value="04"> 选项四
```

（4）列表 / 菜单

在列表中，用户可以选择多个选项。而对于菜单而言，用户只能从中选择单个选项，如图 2-14 所示。列表 / 菜单的 HTML 代码如下。

```
<!-- 以下为菜单 -->
<select name="select">
    <option value="01"> 选项一 </option>
    <option value="02"> 选项二 </option>
    <option value="03"> 选项三 </option>
</select>
<!-- 以下为列表，高度 4 行，允许多选 -->
<select name="select2" size="4" multiple="multiple">
    <option value="04"> 选项一 </option>
    <option value="05"> 选项二 </option>
    <option value="06"> 选项三 </option>
</select>
```

另外，还有一种叫做跳转菜单的表单对象，这种菜单中的每个选项都可以链接到某个文档或文件。跳转菜单 HTML 代码如下。

```
<select name="menu1"
        onChange="JavaScript:window.open(this.options[this.selectedIndex].value)">
        <option value="http://www.baidu.com"> 百度 </option>
        <option value="http://www.google.com"> 谷歌 </option>
        <option value="http://www.sohu.com"> 搜狐 </option>
</select>
```

图 2-13　单选按钮

图 2-14　列表 / 菜单

（5）按钮

在单击按钮时，通常执行提交或重置表单的操作。按钮上显示的标签可以用 value 属性进行自定义，如图 2-15 所示。提交或重置按钮的 HTML 代码如下。

```
<input type="submit" name="Submit" value=" 提交 ">
<input type="reset" name="Submit2" value=" 重写 ">
```

（6）图像域

图像域使用户可以在表单中插入一个图像，用于生成图形化按钮。例如：

```
<input name="imageField" type="image" src="img/image1.gif">
```

（7）文件域

文件域使用户可以浏览计算机上的某个文件，并将该文件作为表单数据上传，如图 2-16 所示。例如：

```
<input type="file" name="file">
```

图 2-15　按钮

图 2-16　文件域

（8）隐藏域

通常为了程序处理的方便，在提交表单时通过隐藏域来发送一些不用用户填写但程序又需要的数据，隐藏域并不会在页面上显示出来。例如：

<input name="hiddenField" type="hidden" value="01">

2.2.2　任务：创建学生信息管理系统网站的登录页面

1. 任务要求

创建学生信息管理系统的登录页面，如图 2-17 所示。

要求：页面中包含标题图片、登录区表单、用户密码文本框、提交按钮和版权声明等内容。

图 2-17　学生信息管理系统的登录页面

2. 解决步骤

（1）打开 "Dreamweaver CS6" 程序，新建 HTML 文档，进入 "代码" 视图，文档标题设置为 "飞跃学生管理系统"，将该文档保存为 login.html。

（2）在 <body>……</body> 中输入以下代码，添加各个区块的 div 标记，如图 2-18 所示。

<div id="container">
<div id="banner"></div>
<div id="link"></div>
<div id="login"></div>
<div id="footer"></div>
</div>

图 2-18　添加 div 标记

（3）在"banner"和"link"两个 div 中分别添加文件夹 IMG 中的图像 Top Title.gif 和 Flash 动画文件 Menu.swf。

（4）光标置于<div id="login">与</div>之间，选择【插入】→【表单】→【表单】命令，打开"标签编辑器 -form"对话框，设置"操作"为"Login.aspx"，"方法"设置为"post"，如图 2-19 所示，单击"确定"按钮。

图 2-19　"标签编辑器 -form"对话框

（5）此时在<div id="login">与</div>之间会自动生成表单的 HTML 代码"<form action="Login.aspx" method="post"></form>"。

（6）光标置于<form action="Login.aspx" method="post">和</form>之间，回车，输入文字"登录"，将其格式设置为"标题三"，如图 2-20 所示。

（7）在"<h3>登录</h3>"之后回车，输入文字"用户："，选择【插入】→【表单】→【文本域】命令，打开"标签编辑器 -input"对话框，设置"类型"为"文本"，"名称"为"TextName"，如图 2-21 所示，单击"确定"按钮。

（8）此时会自动生成单行文本域的 HTML 代码"<input name="TextName" type="text" />"，在其后按快捷键【Shift】+【Enter】换行。

（9）输入文字"密码："，选择【插入】→【表单】→【文本域】命令，打开"标签编辑器 -input"对话框，设置"类型"为"密码"，名称为"TextPassword"，如图 2-22 所示，单击"确定"按钮。

图 2-20 设置"标题三"格式

（10）此时会自动生成密码文本域的 HTML 代码"<input name="TextPassword" type="password" />"，在其后按快捷键【Shift】+【Enter】换行。

图 2-21 设置文本域

图 2-22 设置密码文本域

（11）选择【插入】→【表单】→【按钮】命令，打开"标签编辑器 -input"对话框，设置"类型"为"提交"，名称为"LoginButton"，值为"登录"，如图 2-23 所示，单击"确定"按钮。

图 2-23　设置提交按钮

（12）此时会自动生成提交按钮的 HTML 代码"<input name="LoginButton" type="submit" value="登录" />"，继续选择【插入】→【表单】→【按钮】命令，打开"标签编辑器 -input"对话框，设置"类型"为"重置"，名称为"ResetButton"，值为"重置"，如图 2-24 所示，单击"确定"按钮。此时自动生成重置按钮的 HTML 代码"<input name="ResetButton" type="reset" value="重置" />"。

图 2-24　设置重置按钮

（13）光标置于〈div id="footer"〉与〈/div〉之间，输入以下版权信息的内容。

广东农工商职业技术学院计算机系 Web 程序设计课程组设计
电子邮箱：jsjx@gdaib.edu.cn

（14）保存该文档，并按快捷键【F12】在浏览器中预览网页效果。完整的 HTML 源代码如下。

<!DOCTYPE html PUBLIC "-//W3C//DTD XHTML 1.0Transitional//EN" "http://www.w3.org/TR/xhtml1/DTD/xhtml1-transitional.dtd">
<html xmlns="http://www.w3.org/1999/xhtml">
<head>
<meta http-equiv="Content-Type" content="text/html;charset=utf-8" />
<title>飞跃学生管理系统 </title>
<script src="Scripts/swfobject_modified.js" type="text/javascript"></script>

```
</head>

<body>
<div id="container">
<div id="banner"><img src="IMG/TopTitle.gif" width="764" height="94" /></div>
<div id="link">
  <object id="FlashID" classid="clsid:D27CDB6E-AE6D-11cf-96B8-444553540000" width="764"
height="75">
    <param name="movie" value="IMG/Menu.swf" />
    <param name="quality" value="high" />
    <param name="wmode" value="opaque" />
    <param name="swfversion" value="6.0.65.0" />
    <!-- 此 param 标签提示使用 Flash Player 6.0 r65 和更高版本的用户下载最新版本的 Flash
Player。如果您不想让用户看到该提示，请将其删除。 -->
    <param name="expressinstall" value="Scripts/expressInstall.swf" />
    <!-- 下一个对象标签用于非 IE 浏览器。所以使用 IECC 将其从 IE 隐藏。 -->
    <!--[if !IE]>-->
    <object type="application/x-shockwave-flash" data="IMG/Menu.swf" width="764" height="75">
      <!--<![endif]-->
      <param name="quality" value="high" />
      <param name="wmode" value="opaque" />
      <param name="swfversion" value="6.0.65.0" />
      <param name="expressinstall" value="Scripts/expressInstall.swf" />
      <!-- 浏览器将以下替代内容显示给使用 Flash Player 6.0 和更低版本的用户。 -->
      <div>
        <h4> 此页面上的内容需要较新版本的 Adobe Flash Player。 </h4>
        <p><a href="http://www.adobe.com/go/getflashplayer"><img src="http://www.adobe.com/
images/shared/download_buttons/get_flash_player.gif" alt=" 获取 Adobe Flash Player" width="112"
height="33" /></a></p>
      </div>
      <!--[if !IE]>-->
    </object>
    <!--<![endif]-->
  </object>
</div>
<div id="login"><form action="Login.aspx" method="post">
<h3> 登录 </h3>
 用户： <input name="TextName" type="text" /><br />
 密码： <input name="TextPassword" type="password" /><br />
<input name="LoginButton" type="submit" value=" 登录 " /><input name="ResetButton" type="reset"
value=" 重置 " />
</form></div>
<div id="footer"> 广东农工商职业技术学院计算机系 Web 程序设计课程组设计 <br>
电子邮箱： jsjx@gdaib.edu.cn</div>
</div>
<script type="text/javascript">
swfobject.registerObject("FlashID");
</script>
</body>
</html>
```

2.2.3   实训：创建办公自动化系统网站的日程安排录入页面

实训要求：

使用 HTML 创建办公自动化系统网站的日程安排录入页面，包括网站的版头、导航条、日程安排录入文本框、提交按钮、版权声明、联系信息等内容，具体要求如下。

（1）网页标题设为"办公自动化系统日程安排录入"。

（2）使用一级标题显示"办公自动化系统日程安排录入页面"。

（3）导航条包括：日程安排、人事档案管理、远程会议、自动考勤、文件管理。

（4）插入 5 个文本框，允许用户输入姓名、日期、时间、日程、备注。

（5）插入两个按钮，分别表示"提交"和"取消"。

（6）使用三级标题显示版权声明、联系信息等内容。

2.3   掌握 CSS 样式表

2.3.1   知识：CSS 样式表

1. 什么是 CSS 样式表？

CSS（Cascading Style Sheets）即层叠样式表，简称样式表，它是于 1996 年出现的一种有关网页制作的技术。我们用 CSS 可以精确地控制页面里每一个元素的字体样式、背景、排列方式、区域尺寸、四周加入边框等。使用 CSS 能够简化网页的格式代码，加快下载显示的速度。外部链接的 CSS 样式还可以同时定义多个页面，大大减少了重复劳动的工作量，提高了网页制作的效率。

CSS 样式表的作用主要有以下几点：（1）将格式和结构分离；（2）更容易控制页面的布局和外观；（3）可以制作出体积更小浏览速度更快的网页；（4）可以更快更容易地维护及更新大量的网页；（5）良好的浏览器兼容性。

要使用 CSS 样式表，就必须了解 CSS 样式的基本语法。CSS 语句的基本结构由 3 个部分组成：选择符（selector）、属性（properties）和属性的取值（value）。

基本格式如下：

selector {property: value}
选择符 { 属性 : 值 }

例如：

body {color: black}/* 表示使页面中的文字为黑色。*/

如果属性的值是多个单词组成，必须在值上加引号，比如字体的名称经常是几个单词的组合。例如：

p {font-family:"Arial"}/* 表示将段落的字体设为 Arial。*/

如果需要对一个选择符指定多个属性时，我们使用分号";"将所有的属性和值分开。

p {text-align: center;color: red}/* 表示段落居中排列，并且段落中的文字为红色。*/

2. 如何在网页中添加 CSS 样式？

我们来看看以下这段 HTML 代码，注意其中 CSS 代码所处的位置，页面效果如图 2-25 所示。

图 2-25　CSS 控制的网页效果

```
<html>
<head>
<style type="text/css">
<!--
a {  color: #FF0000}
p {  color: #FFFFFF; background-color: #000099}
-->
</style>
</head>
<body>
<a href="http://www.163.com"> 点击进入网易 </a>
<p> 这一段文字有背景色 </p>
</body>
</html>
```

实际上 CSS 代码并不属于 HTML 语言，而是对 HTML 的扩展。一般将 CSS 语句放在 <style type="text/css"> 与 </style> 之间，并添加在网页的 <head></head> 部分，这样网页中相应的元素就可以按照 CSS 定义的外观显示。

我们还可以将 CSS 语句保存为独立的 .css 文件，然后在网页中引用这个 CSS 文件，这样就可以轻松地控制多个网页的外观。例如将以下两行代码在"Dreamweaver CS6"程序中保存为 text.css，注意文件后缀为 .css。

a { color: #FF0000}
p { color: #FFFFFF; background-color:#000099}

然后在某个网页的 <head></head> 部分加入 <link rel=stylesheet href="text.css" type="text/css">，href 属性中设置的是 text.css 文件所在的路径，这样就可

以用 text.css 来控制该网页中的超级链接和段落颜色了。

　　提示：为了方便日后更好地理解自己所写的 CSS 代码，我们可以为 CSS 代码添加注释。CSS 代码注释以"/*"开头，以"*/"结束。例如：

p{text-align: center}/ 该段落居中显示 */*

3.CSS 选择符有哪几种类别?

CSS 选择符有 HTML 标记、类、ID 等多种类型。

（1）HTML 标记选择符

　　所有的HTML标记都能够作为CSS的选择符,如果有多个标记都要设置成相同的样式,我们一般把这些相同属性和值的选择符组合起来书写,用逗号将选择符分开,减少重复定义。例如：

p, table{ font-size: 9pt }/ 表示将段落和表格中的文字大小均设为 9pt。*/*

该效果完全等同于：

p { font-size: 9pt }
table { font-size: 9pt }

（2）类选择符

　　用类选择符能够把相同的元素分类定义不同的样式,也可以很灵活地在任何元素上应用预先定义好的类样式。定义类选择符时,在自定义的类名前面加一个点号,类的名称可以是任意英文单词或以英文开头与数字的组合,一般以其功能和效果简要命名。例如有两个不同的段落,一个段落向右对齐,一个段落居中,我们可以先定义两个类：

.right { text-align: right}
.center { text-align: center}

然后用在不同的段落上，只要在 HTML 标记里加入相应的 class 参数：

<p class="right"> 这个段落向右对齐的 </p>
<p class="center"> 这个段落是居中排列的 </p>

这样的类也可以应用到其他任何元素上。例如下面的语句使标题 1 文字居中。

<h1 class="center"> 这个标题也是居中排列的 </h1>

（3）ID 选择符

　　还有一种 ID 选择符，使用和类选择符类似，只要在 ID 名称前加一个"#"号，把 class 换成 ID 即可。例如：

#col
*　{*
*　font-size:18px;*
*　font-weight:bold;*
*　color:#ff0000;*
*　}*
/ 字体尺寸为 18px、粗体、红色 */*
......
<p id="col"> 这个段落用的是 id 选择符 </p>

另外，CSS 样式表遵循继承规则，即所有在元素中嵌套的元素都会继承外层元素指定的属性值，有时会把很多层嵌套的样式叠加在一起。例如在 td 标记中嵌套 p 标记：

td{ color: #ff0000; font-size:12px}

……

<td>

<p> 这个段落的文字为红色、字体大小 *12px</p>*

</td>

/* p 元素里的内容会继承 td 定义的 CSS 属性 */

思考一　如果样式表继承遇到冲突时，会如何显示样式呢？例如：

td{ color: #ff0000; font-size:12px}

p { color: #0000ff}

……

<td>

<p> 这个段落的文字为蓝色、字体大小 *12px</p>*

</td>

结果可以看到：段落里的文字大小为 12px 是继承 td 属性的，而 color 属性则依照最后定义的蓝色显示。

思考二　如果对同一个元素加上不同的选择符定义，会优先显示哪种样式呢？例如：

p { color: #ff0000 }

.blue { color: #0000ff}

#yellow { color: #ffff00}

……

<p class="blue" id="yellow"> 该段落文字颜色会如何显示？ *</p>*

如果将以上三个样式同时加在一个段落上，最后段落的颜色会显示哪种颜色呢？这里就有个优先级的问题。不同的选择符定义相同的元素时，要考虑到不同的选择符之间的优先级：其中 ID 选择符优先级最高，其次是类选择符，最后是 HTML 标记选择符。因此，该例子中的段落将按照优先级最高的 ID 选择符显示为黄色文字。

4. 如何设置 CSS 属性？

CSS 样式中控制各种外观的属性有很多种，了解这些属性的名称和功能对我们制作页面非常有帮助，主要的属性有以下 7 大类。

（1）字体属性：设置字体类型、字号大小、字体风格、粗细、文字修饰、行高（行距）等。

（2）背景和颜色属性：设置对象背景属性。

（3）位置属性：设置字间距、文字水平／垂直对齐方向、首行缩进、边距等。

（4）边框属性：设置边框线条样式、粗细、颜色。

（5）列表属性：设置列表类型、项目符号图像、位置等。

（6）定位属性：主要设置图层的各种属性，如类型、显示、Z 轴、宽高、位置等。

（7）扩展属性：设置鼠标形状或滤镜效果。滤镜可以给网页中的图像或文字等对象设置半透明、投影、发光等效果。

表 2-2　常用 CSS 属性列表

CSS 属性		功能说明
字体属性	font-family	字体
	font-style	是否斜体，取值为 normal/italic/oblique
	font-variant	字体大小写，取值为 normal/small-caps
	font-weight	字体的粗细，取值为 normal/bold/bolder/lithter
	font-size	字号大小
背景和颜色属性	color	定义前景色
	background-color	定义背景色
	background-image	定义背景图片的路径
	background-repeat	背景图案重复方式，取值为 repeat-x/repeat-y/no-repeat
	background-attachment	设置背景是否滚动，取值为 scroll（滚动）/fixe（固定的）
	background-position	背景图案的初始位置。例如 {background-position: 10px 100px}，表示背景图片起始坐标 (10px, 100px)；又如 {background-position: center center}，表示背景图片水平及垂直方向居中
位置属性	word-spacing	单词之间的距离
	letter-spacing	字母之间的距离
	text-decoration	定义文字的装饰，取值为 none/underline/overline/line-through/blink
	vertical-align	元素在垂直方向的位置，取值为 baseline（基线）/sub/super/top/text-top/middle/bottom/text-bottom
	text-transform	使文本转换为其他方式，取值为 capitalize（大写）/uppercase（首字母大写）/lowercase（小写）/none
	text-align	文字的对齐，取值为 left/right/center/justify
	text-indent	文本的首行缩进
	line-height	文本的行高
	margin-top margin-right margin-bottom margin-left	设置上下左右边距
	padding-top padding-right padding-bottom padding-left	设置上下左右填充距
边框属性	border-top-width border-right-width border-bottom-width border-left-width	单词之间的距离
	border-width	字母之间的距离
	border-color	定义文字的装饰，取值为 none/underline/overline/line-through/blink
	border-style	元素在垂直方向的位置，取值为 baseline（基线）/sub/super/top/text-top/middle/bottom/text-bottom
	border-top border-right border-bottom border-left	使文本转换为其他方式，取值为 capitalize（大写）/uppercase（首字母大写）/lowercase（小写）/none

（接上页）表 2-2　常用 CSS 属性列表

CSS 属性		功能说明
列表属性	display	定义是否显示
	white-space	怎样处理空白部分，取值为 normal/pre/nowrap
	list-style-type	在列表前加项目符号，取值为 disc（圆点）/circle（圈）/square（方形）/decimal（阿拉伯数字）/lower-roman（小写罗马数字）/upper-roman（大写罗马数字）/lower-alpha（小写英文字母）/upper-alpha（大写英文字母）/none
	list-style-image	在列表前加图案
	list-style-position	决定列表项中第二行的起始位置
	list-style	一次性定义所有属性
定位属性	position	设定对象的定位方式，有 3 种方式：Absolute（绝对定位）/Relative（相对定位）/Static（无特殊定位）
	visibility	设定对象定位层的最初显示状态，有 3 种状态：Inherit（继承父层的显示属性）/Visible（可见）/Hidden（隐藏）
	z-Index	设置对象的层叠顺序。编号较大的层会显示在编号较小的层上边
	overflow	设置如果层的内容超出了层的大小时，溢出部分如何处理。有四种处理方式：visible（将层的所有内容显示出来）、hidden（保持层的大小不变，将超出层的内容隐藏）/Scroll（总是显示滚动条）/Auto（只有在内容超出层的边界时才显示滚动条）
	left、top、width、height	设置对象定位层的位置和大小，left（左边定位）/top（顶部定位）/width（宽）/height（高）
扩展属性	Cursor	当鼠标滑过样式控制的对象时改变鼠标形状，可以设置为 hand（手型）/crosshair（"十"型）/text（"I"型）/wait（等待）/default（默认）/help（帮助）/e-resize（东箭头）/ne-resize（东北箭头）/n-resize（北箭头）/nw-resize（西北箭头）/w-resize（西箭头）/sw-resize（西南箭头）/s-resize（南箭头）/se-resize（东南箭头）/auto（自动）
	Filter	在样式中加上滤镜特效，如 Alpha 透明滤镜/Blur 模糊滤镜/DropShadow 阴影滤镜等 由于此属性内容比较多，不在本书中讨论，读者可以自行寻找关于 CSS 滤镜方面的有关资料学习

5. 如何用 CSS 控制超级链接的样式

超级链接有 4 种不同的状态，我们可以通过 CSS 样式对超链接不同时刻的状态加以控制，以丰富页面的链接效果。这些状态包括：

（1）a:link：设置超级链接的样式。

（2）a:visited：设置已访问过的超级链接样式。

（3）a:hover：设置鼠标经过超级链接时的样式。

（4）a:active：设置活动的超级链接样式。

例如：

a:link {color: #ff0000}　/ 未被访问的链接 红色 */*
a:visited {color: #00ff00} / 已被访问过的链接 绿色 */*
*a:hover {color: #ffcc00}　/*鼠标悬浮在上的链接 橙色 */*
*a:active {color: #0000ff}　/*鼠标点中激活链接 蓝色 */*

注意： 由于 CSS 优先级的关系，在编写 a 的 CSS 样式时，一定要按照 a:link、a:visited、a:hover、a:active 的先后顺序书写。

以上的例子中，只能定义一套超链接风格。如果要在页面上定义多套超链接风格，可以使用 HTML 的 class 属性来设定伪类。例如：

```
<html>
<head>
<style type="text/css">
<!--
a.a1:hover {
    color: #ff0000;
    text-decoration: line-through;
    background-color: #99ff00;
}
a.a2:hover {
    color: green;
    text-decoration: none;
    background-color: #ffff99;
    letter-spacing: 1.5em;
    word-spacing: 1.5em;
}
-->
</style>
</head>
<body>
<a  class="a1" href="#"> 超链接样式一 </strong></span></a>
<br><br><br>
<a  class="a2" href="#"> 超链接样式二 </a>
</body>
</html>
```

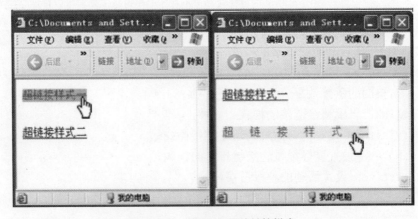

图 2-26   两种不同风格链接样式

从图 2-26 中可以看出，在鼠标经过时两行超链接文字呈现截然不同的两种样式风格。

2.3.2 任务：为页面添加 CSS 样式

1. 任务要求

为学生管理系统页面添加 CSS 样式，设置参数如下，效果如图 2-27 所示。

（1）页面宽度设置为 764px，页面水平方向居中，页面上边距 50px，下边距为 0px。

（2）定义 <a> 标记，设置文字颜色为蓝色，字体加粗。

（3）鼠标经过链接文字时，其下划线消失，链接文字变为红色，链接文字背景变为黄色；访问过的超级链接文字颜色为绿色，并有删除线。

（4）内容区中的标题"基本信息管理系统"，其背景色设置为 #f2f6fb，高度 30px，背景图为 IMG/Primary.gif，背景图不重复，左填充距 30px，顶部填充距 5px。

（5）版权区高度 50px，内容居中，顶部填充距 15px。

（6）定义类样式 .bk，设置文字大小为 16px，背景色设置为 #eefc73，上下左右的边框为点划线，1px 粗细，边框颜色为黑色，并将该类样式应用于版权区中。

图 2-27　为学生管理系统页面添加 CSS 样式

2. 解决步骤

（1）打开"Dreamweaver CS6"程序，新建 CSS 文档，输入以下代码，并保存为"style. css"，和图 2-3 所示的 index.html 处于同一个文件夹中。

```
#container{
    width:764px;
    margin:50px auto 0px auto;
}
a {
    font-weight: bold;
    color: #0000ff;
}
a:hover {
    color: #ff0000;
```

```
            text-decoration: none;
            background-color: #ffff00;
        }
        a:visited {
            color: #00ff00;
            text-decoration: line-through;
        }
        #content h3{
            background-color:#f2f6fb;
            height:30px;
            background-image:url(IMG/Primary.gif);
            background-repeat:no-repeat;
            padding-left:30px;
            padding-top:5px;
        }
        #footer{
            height:50px;
            text-align:center;
            padding-top:15px;
        }
        .bk {
            font-size: 16px;
            background-color: #eefc3;
            border: 1px dotted #000000;
        }
```

（2）用"Dreamweaver CS6"程序打开文件夹 task2 中的学生管理系统页面 index. html，选择【格式】→【CSS 样式】→【附加样式表】，"文件 /URL"选择"style. css"，单击"确定"按钮，如图 2-28 所示。

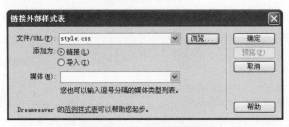

图 2-28　链接外部样式表

（3）在"代码"视图中找到代码"<div id="footer">"，在其中加入"class="bk""，表示对版权区应用 .bk 类样式。代码如下：

```
<div id="footer" class="bk">
广东农工商职业技术学院计算机系 Web 程序设计课程组设计 <br>
电子邮箱：jsjx@gdaib.edu.cn
</div>
```

（4）保存所有文件并按快捷键【F12】，用浏览器预览页面效果。

2.3.3　实训：用 CSS 样式表美化办公自动化系统首页

实训要求:

为办公自动化系统网站首页添加 CSS 样式, 自行设定各种文本颜色风格以及超链接样式, 增加页面的美观性和规范性, 以达到最佳的显示效果。

2.4　掌握 JavaScript 的使用方法

2.4.1　知识：JavaScript 语言

1. 什么是 JavaScript 语言? 它与 Java 语言有什么区别?

JavaScript 是一种基于对象和事件驱动的文本性质的客户端脚本语言, 它能使网页增加交互性。例如它能及时响应用户的操作, 用户在客户端浏览器中填写表单、验证表单的交互过程只需通过浏览器对调入 HTML 文档中的 JavaScript 源代码进行解释执行来完成, 浏览器只将用户输入验证后的信息提交给远程的服务器, 大大减少了服务器端的开销。

JavaScript 语言的前身叫作 Livescript。自从 Sun 公司推出著名的 Java 语言之后, Netscape 公司引进了 Sun 公司有关 Java 的程序概念, 将自己原有的 Livescript 重新进行设计, 并改名为 JavaScript。微软从它的 Internet Explorer 3.0 版开始支持 JavaScript。微软把自己实现的 JavaScript 规范叫做 JScript。这个规范与 Netscape Navigator 浏览器中的 JavaScript 规范在基本功能上和语法上是一致的, 在浏览器中的使用二者基本相同。

（1）JavaScript 的优点

JavaScript 对 HTML 语言是一种很好的补充, 它具有许多优点。

①简单性。JavaScript 是一种解释性语言, 它提供了一个简易的开发过程。它的基本结构形式与 C、C++、VB、Delphi 十分类似。但它不像这些语言一样需要先编译, 而是在程序运行过程中被逐地解释。它与 HTML 标识结合在一起, 从而方便用户的使用操作。

②动态性。JavaScript 是动态的, 它可以直接对用户或客户输入做出响应, 无须经过 Web 服务程序。它对用户的反映响应是采用以事件驱动的方式进行的。所谓事件驱动, 就是指在主页中执行了某种操作所产生的动作, 就称为"事件"。比如按下鼠标、移动窗口、选择菜单等都可以视为事件。当事件发生后, 可能会引起相应的事件响应。

③跨平台性。JavaScript 是依赖于浏览器本身, 与操作系统无关, 只要浏览器支持 JavaScript 就可以正确执行。

④节省交互时间。随着 Web 技术的迅速发展, 现在有许多 Web 应用程序要与用户进

行交互，如确认用户身份、验证表单等等，如果这些操作都要通过服务器才能执行，那么将增大服务器的负担，影响服务器的性能。

（2）JavaScript 与 Java 的区别

JavaScript 与 Java 语言虽然在名字上有些相近，但它们之间还是存在许多差别。

①它们是两个公司开发的不同的两个产品。Java 是 Sun 公司推出的面向对象的程序设计语言，特别适合于 Internet 应用程序开发；而 JavaScript 是 Netscape 公司的产品，其目的是为了扩展 Netscape Navigator 功能，是一种可以嵌入 Web 页面中的基于对象和事件驱动的解释性语言。

②Java 是一种真正的面向对象的语言，即使是开发简单的程序，也必须设计对象；而 JavaScript 是一种基于对象的脚本语言。之所以说 JavaScript 是一门基于对象的脚本语言，主要是因为它没有提供抽象、继承、重载等有关面向对象语言的许多功能。它可以用来制作与网络无关的、与用户交互的复杂软件，它本身提供了非常丰富的内部对象供设计人员使用。

③JavaScript 源代码无须编译，装入 HTML 文档中的 JavaScript 源代码实际上作为 HTML 文档的一部分存在。访问者在浏览 Web 页面时，由浏览器对 HTML 文档进行分析、识别、解释并执行 JavaScript 源代码。而 Java 的源代码必须进行编译，成为服务器中的代码，通过 HTML 文档中的 <applet> 标记，经过 HTTP 的连接、加载后才能运行。

④JavaScript 代码是一种文本字符格式，可以直接嵌入 HTML 文档中，一般的文本编辑器就可以进行 JavaScript 代码的编辑，而 Java 则需要相应的开发环境。在 HTML 文档中，两种编程语言的标识也不同，JavaScript 使用 <script>……</script> 来标识，而 Java 使用 <applet>……</applet> 来标识。

⑤Java 采用强类型变量检查，即所有变量在编译之前必须作声明。JavaScript 中变量声明采用其弱类型。即变量在使用前不需作声明，而是解释器在运行时检查其数据类型。

2. 如何将 JavaScript 代码添加到 HTML 文档中？

JavaScript 是通过嵌入在标准的 HTML 语言中实现的，任何一种能编辑 HTML 文档的软件都可以编辑 JavaScript，比如 Windows 系统自带的"记事本"程序，或者像 Dreamweaver 这些可视化网页编辑工具都可以对 JavaScript 进行编辑。

JavaScript 脚本代码可以放在 HTML 文档的任何位置，即 <body>……</body> 或 <head>……</head> 部分之中。通常是将脚本代码集中放在 <head> 部分中，这样能确保在 <body> 部分调用代码之前读取并解释所有脚本代码。在 HTML 页面添加 JavaScript 脚本代码时，应以 <script> 标记开始，而以 </script> 标记结束，script 标记可以在 HTML 文档的 head 和 body 部分出现任意次，基本语法格式如下。

```
<script Languge="JavaScript">
  <!--
       脚本代码
  -->
</script>
```

在上述语法中，之所以将脚本代码嵌入在注释标记 <!-- 和 --> 之间，是为了避免不能识别 script 标记的浏览器直接将代码显示在页面中。

另外一种插入 JavaScript 的方法，是把 JavaScript 代码写到一个独立的文件当中，此文件通常用".js"作扩展名，然后在 HTML 文档的 head 部分加入以下代码，即可引用外部的 JavaScript 文件。

<script src="xxx/xxx.js(js 文件的路径)"></script>

下面我们来看一个简单的 JavaScript 实例，打开"Dreamweaver CS6"程序，进入"代码"视图，清空初始代码之后输入以下代码，并保存为"welcome.html"。

<html>
<head>
<title>welcome</title>
</head>
<body>
<Script Language ="JavaScript">
alert(" 大家好！ ");
// 弹出信息框
</Script>
第一个 JavaScript 样例
</body>
</html>

其中分号"；"是 JavaScript 语言作为一个语句结束的标识符，双反斜杠"//"是 JavaScript 里的单行注释符号，如果是多行注释则用"/*"和"*/"括起来。用 IE 浏览器打开 welcome.html，显示效果如图 2-29 所示，弹出信息框显示"大家好！"。

图 2-29　弹出信息框

3.JavaScript 的基本语法是怎样的？

（1）数据类型和变量

JavaScript 有 6 种数据类型：number（数值型）、string（字符串型）、object（对象类型）、Boolean（布尔型）、null（空类型）和 undefined（不定类型）。

①数值型：JavaScript 支持整数和浮点数。整数可以为正数、0 或者负数；浮点数可以包含小数点，也可以包含一个 "e"（大小写均可，在科学记数法中表示"10 的幂"），

或者同时包含这两项。

②字符串类型：字符串是用单引号或双引号来说明的，例如："Hello！"。

③对象类型：对象是 JavaScript 中的重要组成部分，这部分内容将在后面加以介绍。

④布尔类型：有 true 和 false 两种值。

⑤空类型：null 值就是没有任何值，什么也不表示。

⑥不定类型：一个为 undefined 的值就是指在变量被创建后，但未给该变量赋值以前所具有的值。

在 JavaScript 中变量用来存放脚本中的值，这样在需要用这个值的地方就可以用变量来代表，一个变量可以存放一个数字或文本等内容。

JavaScript 是一种对数据类型变量要求不太严格的语言，所以不必声明每一个变量的类型，变量声明尽管不是必须的，但在使用变量之前先进行声明是一种好的习惯。可以使用 var 语句来进行变量声明。如：var a1= true;//a1 中存储的值为 Boolean 类型。

对变量命名时要注意以下规则：

①变量名必须以字母、下划线 "_" 或美元符 "$" 开始，可以是字母、数字、下划线或美元符的组合，变量名长度任意。

② JavaScript 严格区分大小写，因此将一个变量命名为 abc 和将其命名为 ABC 是不一样的。

③变量名称不能是保留字。如 Int、Null、const、if 这些保留字都不能作为变量名。

（2）表达式和运算符号

表达式是指具有一定值的、用运算符把常数和变量连接起来的代数式。一个表达式可以只包含一个常数或一个变量。运算符可以是算术运算符、关系运算符、位运算符、逻辑运算符、复合运算符。表 2-3 将运算符从高优先级到低优先级排列。

表 2-3   运算符

运算名称	写法	描述
括号	(x) [x]	中括号只用于指明数组的下标
求反、自加、自减	-x	返回 x 的相反数
	!x	返回与 x（布尔值）相反的布尔值
	x++	x 值加 1，但仍返回原来的 x 值
	x--	x 值减 1，但仍返回原来的 x 值
	++x	x 值加 1，返回后来的 x 值
	--x	x 值减 1，返回后来的 x 值
乘、除	x*y	返回 x 乘以 y 的值
	x/y	返回 x 除以 y 的值
乘、除	x%y	返回 x 与 y 的模（x 除以 y 的余数）
加、减	x+y	返回 x 加 y 的值
	x-y	返回 x 减 y 的值
关系运算	x<y x<=y x>=y x>y	当符合条件时返回 true 值，否则返回 false 值
等于、不等于	x==y	当 x 等于 y 时返回 true 值，否则返回 false 值
	x!=y	当 x 不等于 y 时返回 true 值，否则返回 false 值

（接上页）表 2-3 运算符

运算名称	写法	描述
位与	x&y	当两个数位同时为 1 时，返回的数据的当前数位为 1，其他情况都为 0
位异或	x^y	两个数位中有且只有一个为 0 时，返回 0，否则返回 1
位或	x|y	两个数位中只要有一个为 1，则返回 1；当两个数位都为零时才返回零
逻辑与	x&&y	当 x 和 y 同时为 true 时返回 true，否则返回 false
逻辑或	x||y	当 x 和 y 任意一个为 true 时返回 true，当两者同时为 false 时返回 false
条件	c?x:y	当条件 c 为 true 时返回 x 的值（执行 x 语句），否则返回 y 的值（执行 y 语句）
赋值、复合运算	x=y	把 y 的值赋给 x，返回所赋的值
	x+=y x-=y x*=y x/=y x%=y	x 与 y 相加 / 减 / 乘 / 除 / 求余，所得结果赋给 x，并返回 x 赋值后的值

①位运算符通常会被当作逻辑运算符来使用。它的实际运算情况是：把两个操作数（即 x 和 y）化成二进制数，对每个数位执行以上所列工作，然后返回得到的新二进制数。由于"真"值在电脑内部（通常）是全部数位都是 1 的二进制数，而"假"值则是全部是 0 的二进制数，所以位运算符也可以充当逻辑运算符。

②逻辑与 / 或有时候被称为"快速与 / 或"。这是因为当第一操作数（x）已经可以决定结果，它们将不去理会 y 的值。例如，false && y，因为 x == false，不管 y 的值是什么，结果始终是 false，于是本表达式立即返回 false，而不论 y 是多少，甚至 y 可以导致出错，程序也可以照样运行下去。

注意：可以使用括号（ ）来改变运算的优先级。另外，所有与四则运算有关的运算符都不能作用在字符串型变量上。字符串可以使用 +、+= 作为连接两个字符串之用。

（3）控制语句

语句是一个完整的语法单元，用来表达一种动作、声明或定义。JavaScript 语句一般按先后顺序执行，也可以通过条件语句或循环语句控制程序的执行。

①条件和分支语句：包括 if…else 语句和 switch 语句。

● **if…else 语句**

if…else 语句完成了程序流程块中分支功能：如果其中的条件成立，则程序执行紧接着条件的语句或语句块；否则程序执行 else 中的语句或语句块。if…else 语句的语法如下。

```
if(条件)
{
    执行语句 1
}
else
{
    执行语句 2
}
```

例如：

```
if (a == true)
{
    b = "Yes"
}
else
{
    c = "No"
}
```

- **switch 语句**

switch 分支语句则可以根据一个变量的不同取值采取不同的处理方法。虽然同样的代码也许用 if 语句也能实现，但如果使用太多的 if 语句，程序看起来就会很乱，switch 语句就是解决这种问题的最好方法。switch 语句的语法如下。

```
switch (表达式)
{
        case label1: 语句串 1;
        case label2: 语句串 2;
        case label3: 语句串 3;
           ...
        default: 语句串 3;
}
```

如果表达式取的值同程序中提供的任何一条语句都不匹配，将执行 default 中的语句。

②循环语句：包括 for 语句、for…in 语句、while 语句、break 语句和 continue 语句。

- **for 语句**

for 语句的语法如下。

```
for (初始化部分; 条件部分; 更新部分)
{
        执行部分 ...
}
```

只要循环的条件成立，循环体就被反复的执行。例如：

```
for (i = 1; i < 10; i++) {
  if (i == 2 || i == 4 || i == 6) continue;
  document.write(i);
}//i 显示结果是 135789
```

- **for…in 语句**

for…in 语句与 for 语句有一点不同，它循环的范围是一个对象所有的属性或是一个数组的所有元素。for…in 语句的语法如下。

```
for (变量 in 对象或数组)
```

```
{
    语句 ...
}
```

● **while 语句**

while 语句所控制的循环不断的测试条件，如果条件始终成立，则一直循环，直到条件不再成立。while 语句的语法如下。

```
while ( 条件 )
{
    执行语句 ...
}
```

● **break 语句**：break 语句结束当前的各种循环，并立即执行循环的下一条语句。
● **continue 语句**：continue 语句结束当前的循环，并马上开始下一个循环。
③函数定义语句：包括 function 语句和 return 语句。
● **function 语句**：function 语句的语法如下。

```
function 函数名称 ( 函数所带的参数 )
{
    函数执行部分
}
```

● **return 语句**：return 语句指明将返回的值。

例如：

```
function sum ( a,b )
{
    return a+b
}
```

4. 什么是 JavaScript 的事件驱动？

事件是浏览器响应用户交互操作的一种机制，JavaScript 的事件处理机制可以改变浏览器响应用户操作的方式，这样就开发出具有交互性并易于使用的网页。浏览器为了响应某个事件而进行的处理过程，叫做事件处理。事件定义了用户与页面交互时产生的各种操作，例如单击超级连接或按钮时，就产生一个单击操作事件。浏览器在程序运行的大部分时间都等待交互事件的发生，并在事件发生时，自动调用事件处理函数，完成事件处理过程。

指定事件处理程序有如下 3 种方法。

（1）直接在 HTML 标记中指定。这种方法是用得最普遍的。方法是：

```
< 标记···事件 ="事件处理程序 "[ 事件 ="事件处理程序 "...]>
```

例如：

```
<body···onload="alert(' 欢迎光临！ ')" onunload="alert(' 再见！ ')">
```

上述代码的效果是，文档读取完毕的时候弹出一个信息框"欢迎光临！"，在用户关闭窗口，或者到另一个页面去的时候弹出信息框"再见"。

（2）编写特定对象特定事件的 JavaScript。这种方法用得比较少，但是在某些场合还是很好用的。方法是：

```
<script language="JavaScript" for=" 对象 " event=" 事件 ">
...( 事件处理程序代码 )...
</script>
```

例如：

```
<script language="JavaScript" for="window" event="onload">
 alert(' 欢迎光临！ ');
</script>
```

（3）在 JavaScript 代码中说明。方法是：

```
< 对象 >.< 事件 > = < 事件处理程序 >;
```

用这种方法要注意的是，"事件处理程序"是真正的代码，而不是字符串形式的代码。如果事件处理程序是一个自定义函数，如无使用参数的需要，就不要加"（）"。例如：

```
<Script Language ="JavaScript">
function welcome() {
alert(' 欢迎光临！ ');
}
window.onload = welcome; // 没有使用 "()"
</Script>
```

表 2-4   JavaScript 中的常用事件

事件名称	功能说明
onClick	当鼠标单击时触发此事件
onDblClick	当鼠标双击时触发此事件
onMouseDown	当按下鼠标时触发此事件
onMouseUp	当鼠标按下后松开鼠标时触发此事件
onMouseOver	当鼠标移动到某对象范围的上方时触发此事件
onMouseMove	当鼠标移动时触发此事件
onMouseOut	当鼠标离开某对象范围时触发此事件
onKeyPress	当键盘上的某个键被按下并且释放时触发此事件
onKeyDown	当键盘上某个按键被按下时触发此事件
onKeyUp	当键盘上某个按键被按放开时触发此事件
onError	当出现错误时触发此事件
onLoad	当页面内容完成时触发此事件
onMove	当浏览器的窗口被移动时触发此事件
onResize	当浏览器的窗口大小被改变时触发此事件
onScroll	当浏览器的滚动条位置发生变化时触发此事件
onStop	当浏览器的停止按钮被按下时触发此事件或者正在下载的文件被中断
onUnload	离开或关闭当前页面时触发此事件

（接上页）表 2-4　JavaScript 中的常用事件

事件名称	功能说明
onBlur	当前元素失去焦点时触发此事件
onChange	当前元素失去焦点并且元素的内容发生改变而触发此事件
onFocus	当某个元素获得焦点时触发此事件
onReset	当表单中 reset 的属性被激发时触发此事件
onSubmit	当一个表单被递交时触发此事件

5. 什么是 JavaScript 的对象？

JavaScript 是基于对象的编程，而不是完全的面向对象的编程，它没有提供抽象、继承、重载等有关面向对象语言的复杂功能，JavaScript 把常用的对象封装起来提供给用户，用户可以使用 JavaScript 内置对象、浏览器提供的对象、服务器提供的对象等，还可以创建自己的对象以扩展 JavaScript 功能。这些对象组成了一个非常强大的对象系统，为用户提供了丰富多样的功能。

JavaScript 中的对象是由属性和方法两个基本元素构成的。属性是对象的内置变量，用于存放该对象的特征参数等信息，比如对象的背景色，宽度，名称等。方法是对象的内置函数，用于对该对象进行操作，比如获取日期时间，大小写转换，取整，使对象获得焦点，使对象获得一个随机数等操作。

JavaScript 对象分为静态对象和动态对象两种，静态对象在引用其属性、方法的时候不需要为它创建实例，而动态对象在使用其属性和方法之前，应该先使用 new 运算符，为对象创建一个实例，例如：var today = new Date();//Date() 为日期时间对象。new 运算符用来调出对象的数据结构，包括对象的属性、方法，这是用来创建一个对象实例的方法，同时还对对象实例的属性进行初始化。访问对象的属性时应该写为：对象 . 属性名，例如：var len=text.length，my.name="yyang"。使用对象的方法时应该写为：对象 . 方法名 = 函数名或对象 . 属性名 . 方法名。例如：this.display=display，document.write（"hello!"）。

下面我们来了解一下 JavaScript 中最常见的几种对象。

（1）Document 对象

Document 对象可能是使用最多的对象之一，此对象包含了与页面内容相关的几个属性。

表 2-5　Document 对象部分属性和方法列表

	title	设置文档标题等价于 HTML 的 <title> 标记
	bgColor	设置页面背景色
	fgColor	设置前景色（文本颜色）
属	linkColor	未点击过的链接颜色
	alinkColor	激活链接（焦点在此链接上）的颜色
性	vlinkColor	已点击过的链接颜色
	URL	设置 URL 属性从而在同一窗口打开另一网页
	fileCreatedDate	文件建立日期，只读属性

（接上页）表 2-5   Document 对象部分属性和方法列表

属 性	fileModifiedDate	文件修改日期，只读属性
	fileSize	文件大小，只读属性
	cookie	设置和读出 cookie
	charset	设置字符集，简体中文为 gb2312
方 法	open( )	打开文档以便 JavaScript 能向文档的当前位置（指插入 JavaScript 的位置）写入数据。通常不需要用这个方法，在需要的时候 JavaScript 自动调用
	write( ); writeln( )	向文档写入数据，所写入的会当成标准文档 HTML 来处理。writeln( ) 与 write( ) 的不同点在于，writeln( ) 在写入数据以后会加一个换行。这个换行只是在 HTML 中换行，具体情况能不能够是显示出来的文字换行，要看插入 JavaScript 的位置而定。如在 <pre> 标记中插入，这个换行也会体现在文档中
	clear( )	清空当前文档
	close( )	关闭文档,停止写入数据。如果用了 write( )、writeln( ) 或 clear( ) 方法，就一定要用 close( ) 方法来保证所做的更改能够显示出来。如果文档还没有完全读取，也就是说 JavaScript 如果是插在文档中，那就不必使用该方法

（2）Window 对象

Window 对象是 JavaScript 中最大的对象，它描述的是一个浏览器窗口。该对象提供了一些很有用的方法，使用这些方法可以在浏览器中弹出对话框，而 Window 对象的属性主要用来引用浏览器中存在的各种窗口和框架。

表 2-6   Window 对象部分属性和方法列表

属 性	Name	窗口的名称
	Parent	当前窗口的父框架窗口
	DefaultStatus	默认状态，显示在窗口的状态栏中
	Status	包含文档窗口帧中的当前信息
	Top	整个浏览器窗口的最顶端的框架窗口
	Self	引用当前窗口
方 法	alert( )	显示一个消息框，只有一个确定按钮
	confirm( )	显示一个对话框，带有确定和取消按钮
	prompt( )	显示一个可以让用户输入信息的对话框
	open( )	打开窗口
	close( )	关闭一个已打开的窗口

（3）Location 对象

Location 地址对象表示某一个窗口对象所打开的 URL 地址。

表 2-7   Location 对象部分属性和方法列表

属 性	protocol	返回地址的协议，一般为 http:、https:、file: 等内容
	hostname	返回地址的主机名
	port	返回地址的端口号，一般 http 的端口号是 80

（接上页）表 2-7　　Location 对象部分属性和方法列表

<table>
<tr><td rowspan="6">属
性</td><td>host</td><td>返回主机名和端口号</td></tr>
<tr><td>pathname</td><td>返回路径名，如 http://www.a.com/b/c.html，又如 location.pathname ='b/c.html'</td></tr>
<tr><td>hash</td><td>返回 "#" 以及以后的内容
如 http://www.a.com/b/c.html#efg，又如 location.hash == '#efg'，如果地址里没有 "#"，则返回空字符串</td></tr>
<tr><td>search</td><td>返回 "?" 以及以后的内容
如 http://www.a.com/b/c.asp?name=emmi&id=007，location.search ==
'?name=emmi&id=007'，如果地址里没有 "?"，则返回空字符串</td></tr>
<tr><td>href</td><td>返回整个 URL 地址</td></tr>
<tr><td rowspan="2">方
法</td><td>reload( )</td><td>相当于浏览器上的 "刷新" 按钮</td></tr>
<tr><td>replace( )</td><td>打开一个 URL，并取代历史对象中当前位置的地址
用这个方法打开一个 URL 后，按下浏览器的 "后退" 按钮将不能返回到刚才的页面</td></tr>
</table>

（4）History 对象

History 历史对象包含了用户已浏览的 URL 信息，即浏览历史。

表 2-8　　History 对象部分属性和方法列表

<table>
<tr><td>属
性</td><td>length</td><td>列出浏览历史的 URL 项数，即 "前进" 和 "后退" 两个按钮包含的 URL 地址数</td></tr>
<tr><td rowspan="3">方
法</td><td>back( )</td><td>后退，相当于浏览器的 "后退" 按钮</td></tr>
<tr><td>forward( )</td><td>前进，相当于浏览器的 "前进" 按钮</td></tr>
<tr><td>go( )</td><td>在浏览历史的范围内去到指定的一个 URL 地址
用法：history.go(x)；如果 x ＜ 0，则后退 x 个地址，如果 x ＞ 0，则前进 x
个地址，如果 x = 0，则刷新当前页面。history.go(0) 跟 location.reload( )
是等效的</td></tr>
</table>

（5）Date 对象

Date 对象是一个提供有关日期和时间的对象，使用时必须用 new 运算符创建一个对象实例，例如：var today = new Date( )。该对象没有提供直接访问的属性，只有获取和设置日期和时间的方法。

表 2-9　　Date 对象部分方法列表

<table>
<tr><td rowspan="13">方

法</td><td>getYear( )</td><td>返回年</td></tr>
<tr><td>getMonth( )</td><td>返回月</td></tr>
<tr><td>getDate( )</td><td>返回日</td></tr>
<tr><td>getDay( )</td><td>返回星期几</td></tr>
<tr><td>getHours( )</td><td>返回小时</td></tr>
<tr><td>getMintes( )</td><td>返回分钟</td></tr>
<tr><td>getSeconds( )</td><td>返回秒</td></tr>
<tr><td>getTime( )</td><td>返回毫秒</td></tr>
<tr><td>setYear( )</td><td>设置年</td></tr>
<tr><td>setMonth( )</td><td>设置月</td></tr>
<tr><td>setDate( )</td><td>设置日</td></tr>
</table>

（接上页）表 2-9　　Date 对象部分方法列表

方法	setHours( )	设置小时
	setMintes( )	设置分钟
	setSeconds( )	设置秒
	setTime( )	设置毫秒

（6）String 对象

String 对象是一个有关字符串的对象，可以实现对字符串的各种操作。

表 2-10　　String 对象部分属性和方法列表

属性	length	返回字符串中的字符个数
方法	anchor( )	创建锚点
	fontcolor	设置字体颜色
	toLowerCase( ) toUpperCase( )	大小写转换
	indexOf（charactor, fromIndex)	从指定 formIndtx 位置开始搜索 charactor 第一次出现的位置
	substring(start, end)	从 start 开始到 end 的字符全部返回
	big( )	大字体显示
	small( )	小字体显示
	italics( )	斜体字显示
	bold( )	粗体字显示
	blink( )	字符闪烁显示
	fixed( )	固定高亮字显示
	fontsize(size)	控制字体大小

（7）Math 对象

Math 主要提供除加、减、乘、除以外的数值运算。如对数、平方根等。

表 2-11　　Math 对象部分属性和方法列表

属性	E	常数 e
	LN10	以 10 为底的自然对数
	LN2	以 2 为底的自然对数
	PI	圆周率 3.14159
	SQRT1_2	1/ 2 的平方根
	SQRT2	2 的平方根
方法	abs( )	绝对值
	sin( )、cos( )	正弦余弦值
	asin()、acos( )	反正弦反余弦
	tan( )、atan( )	正切反正切
	round( )	四舍五入
	sqrt( )	平方根
	pow(base, exp)	base 的 exp 次方幂

2.4.2　任务：为页面添加 JavaScript 特效

1.任务要求

为学生管理系统页面添加 JavaScript 脚本代码，以实现如下效果。

（1）打开该页面时，弹出一个宽 500px，高 300px 的浏览器窗口，显示农工商学院首页 http://www.gdaib.edu.cn。

（2）在导航栏下方添加"设为首页""添加收藏"的效果。

（3）页面底部显示用户在页面上的停留时间。

2.解决步骤

（1）用"Dreamweaver CS6"程序打开文件夹 task2 中的学生管理系统页面 index.html，选择【窗口】→【行为】命令，打开"行为"面板，单击"+"按钮，选择"打开浏览器窗口"，如图 2-30 所示。

图 2-30　添加行为

（2）在弹出的"打开浏览器窗口"对话框中，设置"要显示的 URL"为"http://www.gdaib.edu.cn"，窗口宽度为 500，窗口高度为 300，单击"确定"按钮，如图 2-31 所示。

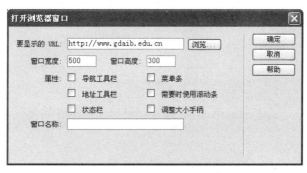

图 2-31　"打开浏览器窗口"对话框

进入"代码"视图，此时在〈head〉与〈/head〉之间自动生成如下代码。

```
<script type="text/javascript">
function MM_openBrWindow(theURL,winName,features) { //v2.0
  window.open(theURL,winName,features);
}
</script>
```

〈body〉标记处改变为如下代码，实现弹出浏览器窗口效果：

```
<body onload="MM_openBrWindow('http://www.gdaib.edu.cn','','width=500,height=300')">
```

（3）在版权区下方，〈body〉〈/body〉之间，加入以下代码，实现显示用户在页面停留时间的效果。

```
<script language="javascript">
<!--
var ap_name = navigator.appName;
var ap_vinfo = navigator.appVersion;
var ap_ver = parseFloat(ap_vinfo.substring(0,ap_vinfo.
indexOf('(')));
var time_start = new Date();
var clock_start = time_start.getTime();
var dl_ok=false;
function init ()
{
if(ap_name=="Netscape" && ap_ver>=3.0)
dl_ok=true;
return true;
}
function get_time_spent ()
{
var time_now = new Date();
return((time_now.getTime() - clock_start)/1000);
}
function show_secs ()
{
var i_total_secs = Math.round(get_time_spent());
var i_secs_spent = i_total_secs % 60;
var i_mins_spent = Math.round((i_total_secs-30)/60);
var s_secs_spent = "" + ((i_secs_spent>9) ? i_secs_spent:
"0" + i_secs_spent);
var s_mins_spent ="" + ((i_mins_spent>9) ? i_mins_spent:
 "0" + i_mins_spent);
document.form1.time_spent.value = s_mins_spent + ":" + s_
secs_spent;
window.setTimeout('show_secs()',1000);
}
// -->
```

```
</SCRIPT>
<form name="form1"> 您在本页面的停留时间：
<input name="time_spent" type="text" onFocus="this.blur()"
style="border:0px">
</form>
```

（4）保存文档并按快捷键【F12】在 IE 浏览器中预览页面，效果如图 2-32 所示。

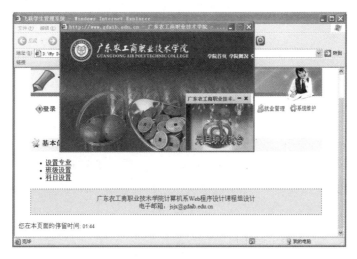

图 2-32　为页面添加 JavaScript 特效"打开浏览器窗口"

2.4.3　实训：实现 JavaScript 日历效果

实训要求：

为办公自动化系统的日程安排录入页面添加一段 JavaScript 脚本代码，实现日历效果，可从 Internet 上搜索相关资料作为参考。

习　题

一、选择题

1. 关于 HTML 的描述，（　　）说法是不正确的。

（A）HTML 是超文本标记语言的缩写。

（B）HTML 文件是包含标记的程序文件。

（C）标记可让浏览器了解怎样去显示这个页面。

（D）使用普通的文字编辑器可以建立 HTML 文件。

2. 以下（　　）不是 <body> 标记的属性。

（A）bgcolor　　　　（B）text　　　　（C）background　　　　（D）index

3. 目前（　　）方法可以在新窗口打开链接。

（A）<a href="url" target="_self">

（B）<a href="url" target="_blank">

（C）〈a href="url" target="_parent"〉

（D）〈a href="url" target="_top"〉

4. 为了标识一个 HTML 文件应该使用的 HTML 标记是（　　）。

（A）〈p〉〈/p〉　　　　　　　　　　　（B）〈body〉〈/body〉

（C）〈html〉〈/html〉　　　　　　　　（D）〈table〉〈/table〉

5. 表单的主要作用在于（　　）。

（A）作为表格，列举事件　　　　　　（B）收集用户的意见，实现与客户的交互

（C）辅助表格，作为表格的补充　　　（D）显示数据

6. 下列选项中不属于 CSS 文本属性的是（　　）。

（A）font-size　　　　　　　　　　　（B）text-transform

（C）text-align　　　　　　　　　　　（D）line-height

7. 在 JavaScript 代码中，onFocus 将触发的事件是（　　）。

（A）元素失去焦点　　　　　　　　　（B）当前焦点位于该元素

（C）页面被装入　　　　　　　　　　（D）将当前内容提交

二、填空题

1.〈body〉标记中的 bgcolor 属性用于指定 HTML 文档的_____，text 属性用于指定 HTML 文档中_____的颜色，_____属性用于指定 HTML 文档的背景文件。

2. 表格的 HTML 代码中的〈tr〉〈/tr〉指定的是_____，〈td〉〈/td〉指定的是_____。

3.CSS 中的选择符包括_____，_____和_____。

4.JavaScript 的数据类型有_____，_____，_____，_____，和_____。

三、问答题

1. 简述 HTML 文档的基本结构。在 HTML 文档中，如果没有〈head〉部分有什么区别吗？

2. 什么是表单？表单中包括哪些对象？

3. 什么是 CSS？使用 CSS 定义网页的风格有什么好处？

4. 如果对页面中的〈p〉标记同时定义了 HTML 选择符样式、类选择符样式和 ID 选择符样式，会优先显示哪一种样式的外观？

5. 如何将 JavaScript 代码添加至 HTML 页面中，有哪几种方法？

四、操作题

使用 HTML 创建远程教学网站的主页

制作远程教学网站的主页，请使用 HTML 语言进行编辑，可适当借助界面编辑软件完成。要求包括网站标题图片、导航栏（包括注册、在线答疑、在线测验、课程论坛、作业管理）、主内容区、用户名和密码输入区域、注册登录按钮、版权文字等基本元素，可使用 CSS 样式表和 JavaScript 脚本对页面进行修饰及美化。

项目三　使用 ASP.NET 服务器控件创建页面

学习目标

☆ 了解 ASP.NET 服务器控件的属性和方法。

☆ 掌握 ASP.NET 服务器控件的使用方法。

☆ 掌握服务器控件中验证控件的使用方法。

3.1　了解 Web 服务器控件

3.1.1　知识 1：服务器控件知识介绍

1. 什么是控件?

控件（Control）可以看作一个类库，它把某些功能的属性、方法和实现，封装在一起形成控件。

控件最初是微软在开发可视化产品 Visual Basic 时提出的，现已被广泛采用，主要是将 Windows 底层烦琐而复杂的 API 函数封装成简单易用的接口（就是你所看见的控件属性）方便程序开发者使用，同时也大大提高了程序开发的效率，缩短了开发周期。

2. 什么是 ASP.NET 服务器控件?

ASP. NET 服务器控件被用来设计 Web 页面的用户界面，并且在 ASP. NET 框架中工作。一旦客户请求 Web 页面，ASP. NET 就将这些控件转换成 HTML 元素，以便在浏览器中显示。

ASP. NET 服务器控件不但有自己的外观，还有自己的数据和方法，大部分组件还可以响应事件。通过微软的集成开发环境（Visual Studio），可以简单地把一个控件拖放到页面中。

3.Web 服务器控件特性

服务器控件是一个对象，有自己的属性、方法和事件，与 VB 或 VC 中使用的控件极为类似。

Web 控件的功能比较强，它会依 Client 端的状况产生一个或多个适当的 HTML 控件，它可以自动侦测 Client 端浏览器的种类，并自动调整成适合浏览器的输出。

Web 控件还拥有一个非常重要的功能，那就是支持数据捆绑（Data Binding）；可以和资料源连结，用来显示或修改数据源的数据。

3.1.2 知识 2：常用 Web 服务器控件

常用 Web 服务器控件，包括标签控件（Label）、文本输入框控件（TextBox）、按钮控件和选择控件。

1. 标签控件（Label）

Label 标签用作将由程序员在设计时或运行时输入的文本的占位符。在此控件内不能进行用户交互。

Label 标签的 Text 属性决定其运行时显示的文本。该属性在运行时和设计时均可赋值。

2. 文本输入框控件（TextBox）

文本输入框控件（TextBox）用作将由用户或程序员输入的文本的占位符，输入的文本可以用程序读取。

（1）TextBox 控件的重要属性也是 Text，Text 属性值决定了文本框中的文本内容。

（2）事件——TextChanged 事件，用户输入信息后离开 TextBox Web 服务器控件时，控件引发程序员可以处理的此事件。

TextBox 控件的其他属性见表 3-1。

表 3-1   TextBox 控件的其他属性

属性名称	说 明
Text	获取 / 设置 TextBox 控件中的数据
TextMode	显示模式：单行、多行或密码文本
ReadOnly	若为 true，则禁止用户修改文本；若为 false，则允许用户修改文本
AutoPostBack	设置为 True 时，当用户更改内容后离开控件时，导致控件触发 TextChanged postback 事件；默认情况下设置为 false

3. 按钮控件

按钮控件有 4 种类型，分别为 Button 控件、ImageButton 控件、LinkButton 控件、Hyperlink 控件。

（1）Button 按钮控件：显示标准 HTML 窗体按钮。

重要属性：Text 属性，获取 / 设置按钮上显示的文本。

重要事件：Click 事件，该事件在用户单击按钮时引发，并且包含该按钮的窗体会提交至服务器。

（2）ImageButton 按钮控件：显示图像窗体按钮，ImageButton 的常用属性见表 3-2。

表 3-2   ImageButton 的常用属性

属性名称	说 明
Text	获取 / 设置按钮上显示的文本
ImageURL	指定按钮图像的 URL

（3）LinkButton 按钮控件：在按钮上显示超文本链接，LinkButton 按钮控件的常用属性和事件同 ImageButton 按钮控件，LinkButton 事件见表 3-3。

表 3-3 LinkButton 事件

事件名称	说 明
Click	单击按钮时会引发该事件，且包含该按钮的窗体会提交给服务器

（4）Hyperlink 控件：在某些文本上显示超文本链接。

4. 选择控件

有 6 种类型的选择控件，分别为 CheckBox 控件、CheckBoxList 控件、RadioButton 控件、Radio-ButtonList 控件、DropdownList 控件、ListBox 控件。

（1）CheckBox 控件：为用户提供一种方法在 true/false 选项之间切换，常用属性见表 3-4。

表 3-4 CheckBox 控件常用属性

属性名称	说 明
Text	获得 / 设置与 CheckBox 关联的文本标签
AutoPostBack	获取 / 设置指示单击时 CheckBox 状态是否自动发回到服务器的值
Checked	获取 / 设置指示是否选中 CheckBox 控件的值

（2）CheckBoxList 控件：用于需要一组 CheckBox 控件的场合。

相对于 CheckBox 控件来说，CheckBoxList 控件增加了一个 SelectedIndexChanged 事件，该事件在用户更改选中项时发生。其余属性和事件同 CheckBox 控件。

（3）RadioButton 控件：用于只从选项列表中选择一个选项，常用属性见表 3-5。

表 3-5 RadioButton 控件常用属性

属性名称	说 明
Text	获得 / 设置与 RadioButton 关联的文本标签
AutoPostBack	获取 / 设置指示单击时 RadioButton 状态是否自动发回到服务器的值
Checked	获取 / 设置指示是否选中 RadioButton 控件的值

CheckedChanged 事件：当 Checked 属性值在发布到服务器的各个操作之间发生变化时发生。

（4）RadioButtonList 控件：用于需要一组 RadioButton 控件的场合。

RadioButtonList 控件是一个 RadioButton 控件组，它的一个非常重要的事件是 SelectedIndexChanged，该事件在用户更改选中项时发生。其余属性和事件同 RadioButton 控件。

（5）DropdownList 控件：允许用户从预定义列表中选择一项，常用属性见表 3-6，常用事件见表 3-7。

表 3-6 DropdownList 控件常用属性

属性名称	说 明
AutoPostBack	获取 / 设置指示单击时 DropdownList 状态是否自动发回到服务器的值
DataMember	获取 / 设置数据源中的特定表格以绑定到该控件

（接上页）表 3-6　DropdownList 控件常用属性

属性名称	说 明
DataSource	获取 / 设置填充列表控件项的数据源
DataTextField	获取 / 设置提供列表项内容的数据源字段
DataTextFormatString	获取 / 设置用于控制如何显示绑定到列表控件的数据的格式字符串
DataValueField	获取 / 设置提供列表项文本内容的数据源字段

表 3-7　DropdownList 控件常用事件

事件名称	说 明
SelectedIndexChanged	当从列表控件选择的内容在发布到服务器的操作之间发生变化时发生

（6）ListBox 控件：允许用户从预定义列表中选择一项或多项，常用属性见表 3-8，重要事件见表 3-9。

表 3-8　ListBox 控件常用属性

属性名称	说 明
Rows	获得 / 设置 ListBox 控件中显示的行数
SelectionMode	获取 / 设置 ListBox 控件的选择模式

表 3-9　ListBox 控件重要事件

事件名称	说 明
SelectedIndexChanged	当从列表控件选择的内容在发布到服务器的操作之间发生变化时发生

3.1.3　任务：创建学生信息管理系统网站的注册页面

1. 任务要求

运用前面所述的几类控件，设计学生信息管理系统网站的注册页面。页面效果见图 3-1。

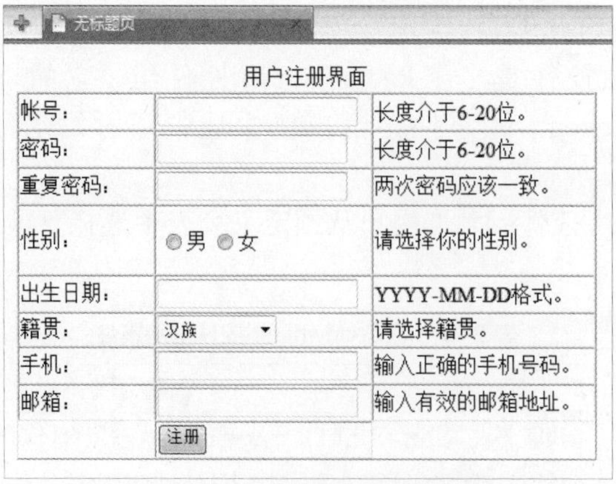

图 3-1　学生信息管理系统注册页面

2. 解决步骤

（1）打开 Visual Studio 2010 集成开发环境，然后点【文件】→【新建】→【网站】，打开"新建网站"对话框，按图 3-2 所示设置好有关参数，然后点"确定"按钮，则在 e:\web\task3 文件夹下面，新建好了一个新网站。

（2）进入网站编辑界面后，将网站中的"Default.aspx"页面重命名为"Register.aspx"。

（3）在开发区域中，切换到"Register.aspx"页面的设计视图，然后点击【表】→【插入表】菜单项，将会弹出"插入表"对话框，在该对话框中，按图 3-3 所示设置好有关参数，然后点"确定"按钮，将会在页面上插入一个 8 行 3 列并且边框粗细为 1、单元格间距为 0、单元格衬距为 0、在页面上居中的表格。

图 3-2　新建网站对话框

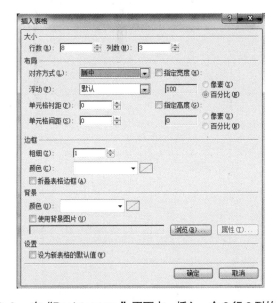

图 3-3　在"Register.aspx"页面中，插入一个 8 行 3 列的表格

（4）在插入的表格中添加文字内容，并且从工具箱中拖拉控件到第二列的各行中，形成如图 3-4 所示界面。

图 3-4　拖拉控件进页面后的效果

（5）设置页面中各控件的属性，控件属性的具体值见表 3-10。设置好控件属性后，界面效果如图 3-5 所示。

表 3-10　页面各控件的属性值

序号	控件	属性	值	备注
1	帐号 文本框	ID	txtAccount	
2	密码 文本框	ID	txtPassword1	
		TextMode	Password	
3	重复密码 文本框	ID	txtPassword2	
		TextMode	Password	
4	性别 单选按钮组	ID	rblSex	
		Items	男、女两个元素项	Value 和 Text 一致
		RepeatDirection	Horizontal	使列表项水平排列
5	出生日期 文本框	ID	txtBirthday	
6	籍贯 下拉列表框	ID	ddlNationality	
		Items	中国 56 个民族，每个民族为一项	Value 和 Text 一致
7	手机 文本框	ID	txtMobile	
8	邮箱 文本框	ID	txtEmail	
9	注册 按钮	ID	txtRegister	
		Text	注册	

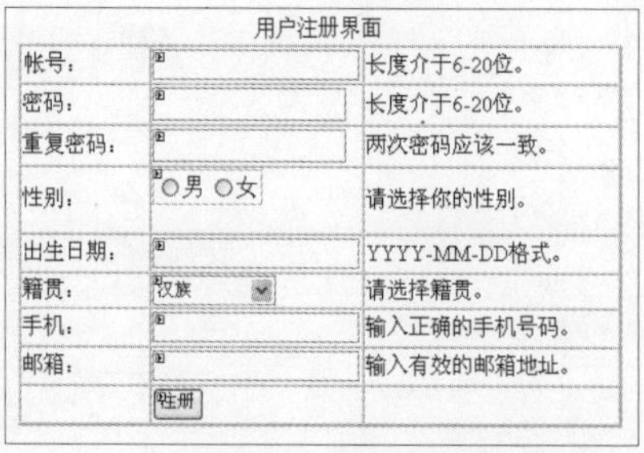

图 3-5　设置控件属性后的页面效果

（6）接下来完成页面功能的实现，使得用户在各输入框中输入必要的信息后，点注册按钮时，能够将用户所输入的信息在页面上显示。

双击"注册"按钮，进入代码编写视图，即可生成代码框架，在 btnRegister_Click 事件方法中输入以下代码：

```
protected void btnRegister_Click(object sender, EventArgs e)
{
        string strInfo;
    //将用户所输的各项信息进行组合，并赋给 strInfo 变量
    strInfo= "帐号："+ txtAccount.Text +
        "<br>密码："+ txtPassword1.Text +
        "<br>性别："+ rblSex.SelectedValue +
        "<br>出生日期："+ txtBirthday.Text +
        "<br>籍贯："+ ddlNationality.SelectedValue +
        "<br>手机："+ txtMobile.Text +
        "<br>邮箱："+ txtEmail.Text;
    //将 strInfo 变量的值在页面上输出。
    Response.Write(strInfo);
}
```

代码说明：

①为了获得各文本框中的信息，可以通过各文本框的 Text 属性来获得，也可以给文本框的 Text 属性进行赋值，来设置文本框中的内容。

②为了获得用户所选性别的值，可以通过性别单选按钮组的 SelectedValue 属性来获得，当然，也可用以下代码获得：rblSex.SelectedItem.Value。但因为在前面设置 rblSex 的 Items 属性时，将 Items 中各项的 Text 和 Value 设置为一致，所以这两种引用方法是等效的。

③获得籍贯的值。籍贯存放在一个下拉列表框中，同样可以通过下拉列表框控件的 SelectedValue 属性来获得用户所选中项的值，也可以通过 ddlNationality.SelectedItem.value 代码来获得用户所选中项的值。

④此处是用"+"（连接）运算符，来将各部分字符串内容连接成一个长字符串，并赋给一个字符串变量 strInfo。最后通过 Response.Write 方法，将 strInfo 变量的值输出。

⑤字符串中的
 起到换行的效果。因为是把内容直接输出在页面上，因此此处使用一个 HTML 标记
 来实现换行。

（7）调试程序，查看网页效果。按键盘上的 F5 键，启动页面浏览，并在页面各控件输入框中输入一些值，然后点"注册"按钮，得到的效果如图 3-6 所示。

至此，本任务宣告完成，请不要忘记点【文件】→【保存】菜单，将所做的工作进行保存。

在本页面中，用到了 Label 控件、TextBox 控件、RadioButtonList 控件、DropDownList 控件和 Button 控件等。页面源代码参见 Register.aspx 和 Register.aspx.cs 文件。

注意：对于密码输入框控件，为了达到屏蔽用户输入内容的目的，一定要将该 TextBox 控件的 TextMode 属性设置为 password；将文本框控件的 ID 属性修改为能反映其功能和作用的名称，建议使用匈牙利命名法来进行控件的命名，这样能够方便后面的编码过程中引用控件，也加强了程序的可阅读性，而 Label 控件一般不会引用，所以可以不用修改其 ID。

图 3-6   单击"注册"按钮后的效果

匈牙利命名法

匈牙利命名法是一种编程时的命名规范。基本原则是：变量名＝属性＋类型＋对象描述，其中每一对象的名称都要求有明确含义，可以取对象名字全称或名字的一部分。命名要基于容易记忆容易理解的原则。保证名字的连贯性是非常重要的。

举例来说，表单的名称为 form，那么在匈牙利命名法中可以简写为 frm，则当表单变量名称为 Switchboard 时，变量全称应该为 frmSwitchboard。这样可以很容易从变量名看出 Switchboard 是一个表单，同样，如果此变量类型为标签，那么就应命名成 lblSwitchboard。可以看出，匈牙利命名法非常便于记忆，而且使变量名非常清晰易懂，这样，增强了代码的可读性，方便各程序员之间相互交流代码。

据说这种命名法是一位叫 Charles Simonyi 的匈牙利程序员发明的，后来他在微软呆了几年，于是这种命名法就通过微软的各种产品和文档资料向世界传播开了。现在，大部分程序员不管自己使用什么软件进 行开发，或多或少都使用了这种命名法。这种命名法的出发点是把变量名按"属性＋类型＋对象描述"的顺序组合起来，以使程序员作变量时对变量的类型和其他属性有直观的了解。

3.1.4   实训：创建办公自动化系统的人事档案录入页面

实训要求：

使用 asp.net 控件，创建办公自动化系统人事档案录入页面的界面。界面的效果如图 3-7 所示。

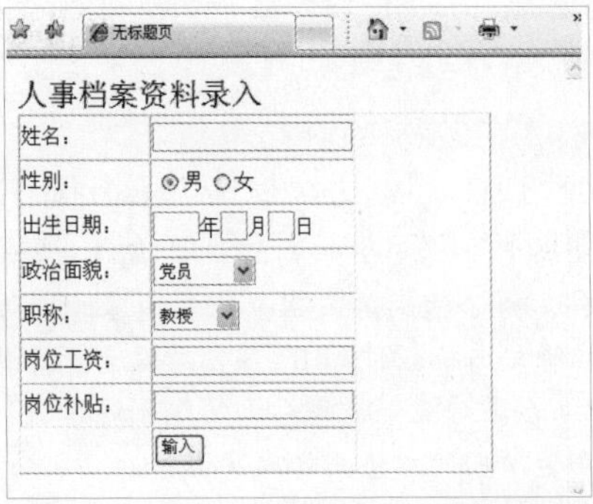

图 3-7   人事档案资料录入界面效果图

3.2　学会使用数据验证控件校验页面数据

3.2.1　知识：数据验证控件介绍

使用验证控件可以轻松地实现对用户输入的验证，而且还可以选择验证在服务器端进行还是在客户端进行。ASP.NET 共有 6 种验证控件，分别如下：

- RequiredFieldValidator（必填字段验证）控件：用于检查是否有输入值。
- CompareValidator（比较验证）控件：按设定比较两个输入。
- RangeValidator（范围验证）控件：输入是否在指定范围。
- RegularExpressionValidator（正则表达式验证）控件：正则表达式验证控件。
- ValidationSummary（验证总结）控件：总结验证结果。
- CustomValidator（自定义验证）控件：自定义验证控件。

1.RequiredFieldValidator（必填字段验证）控件

受此验证控件绑定的控件（一般为文本框或者单选按钮组）必须提供值，不允许为空，否则验证通不过。此控件的常用重要属性如下。

（1）ControlToValidate 属性：指明被绑定的要进行验证的控件，其值为被绑定控件的 ID。

（2）ErrorMessage 属性：当验证通不过时，显示的提示信息。

RequiredFieldValidator 控件使用的标准代码如下：

```
<ASP:RequiredFieldValidator Runat="Server"
        ControlToValidate=" 要检查的控件名 "
        ErrorMessage=" 出错信息 "
        Display="Static|Dymatic|None"
    >
占位符
</ASP: RequiredFieldValidator >
```

代码说明：

ControlToValidate：表示要进行检查控件 ID。

ErrorMessage：表示当检查不合法时，出现的错误信息。

Display：错误信息的显示方式；Static 表示控件的错误信息在页面中占用固定位置。

Dymatic：表示控件错误信息出现时才占用页面控件；None 表示错误出现时不显示，但是可以在 ValidatorSummary 中显示。

占位符：表示 Display 为 Static 时，错误信息占有"占位符"那么大的页面空间。

RequiredFieldValidator 控件的使用，举例如下。

```
<ASP:TextBox RunAt="Server"/>
```

```
<ASP:RequiredFieldValidator Runat="Server"
    ControlToValidate="txtName"
    ErrorMessage="姓名必须输入"
    Display="Static">
  *姓名必须输入
</ASP:RequiredFieldValidator>
```

代码说明：

在本例中，检查 txtName 控件是否有输入，如果没有，显示错误信息"＊姓名必须输入"。

注意： 以上代码和下面其他控件的代码最好放入 Form 中，并且注意 Form 中加上属性 RunAt="Server"，这样，Form 在服务器端执行，提交才会有效；RequiredFieldValidator 控件经常和其他类型的验证控件结合使用，在实际应用中往往根据需要对一个用户输入字段使用多个验证控件，即使用组合控件。

2.CompareValidator（比较验证）控件

此控件对被验证的控件的输入值，和另一个进行比较的控件的内容进行比较，比较的方式可以是等于（Equal）、不等于（NotEqual）、大于（GreaterThan）、大于等于（GreaterThan Equal）、小于（LessThan）、小于等于（LessThan Equal），等等。尽管有多种比较关系，但相等是用得最多的。比较控件的重要属性如下。

（1）ControlToValidate 属性：指明被绑定的要进行验证的控件，其值为被绑定控件的 ID。

（2）ControlToCompare 属性：指明与被绑定的要进行验证的控件进行比较的另一个控件，其值为该控件的 ID。

（3）ErrorMessage 属性：当验证通不过时，显示的提示信息。

CompareValidator 控件的标准代码如下。

```
<ASP:CompareValidator RunAt="Server"
ControlToValidate="要验证的控件 ID"
errorMessage="错误信息"
ControlToCompare="要比较的控件 ID"
type="String|Integer|Double|DateTime|Currency"
operator="Equal|NotEqual|GreaterThan|GreaterTanEqual|LessTh
an|LessThanEq
ual|DataTypeCheck"
Display="Static|Dymatic|None"
>
占位符
</ASP:CompareValidator>
```

代码说明：

Type：表示要比较的控件的数据类型。

Operator：表示比较操作（也就是刚才说的为什么比较不仅仅是"相等"的原因），这里比较方式有前面所述的 7 种方式。

其他属性和 RequiredFieldValidator 相同。

要注意 ControlToValidate 和 ControlToCompare 的区别，如果 operate 为 GreateThan，那么，必须 ControlToCompare 大于 ControlToValidate 才是合法的。

3.RangeValidator（范围验证）控件

此控件对被验证的控件的输入值是否位于某个范围内进行验证，被验证的值的类型可以是整型（Integer）、字符串型（String）、双精度型（Double）、日期型（Date）、货币型（Money）等。范围验证控件的重要属性如下。

（1）ControlToValidate 属性：指明被绑定的要进行验证的控件，其值为被绑定控件的 ID。

（2）ErrorMessage 属性：当验证不通过时，显示的提示信息。

（3）MaximumValue 属性：范围的最大值，可以等于此值。

（4）MimumValue 属性：范围的最小值，可以等于此值。

（5）Type 属性：设定验证范围数据的类型。

使用范围验证控件的标准代码如下。

```
<ASP:RangeValidator Runat="Server"
controlToValidate="要验证的控件 ID"
type="Integer"
MinimumValue="最小值"
MaximumValue="最大值"
errorMessage="错误信息"
Display="Static|Dymatic|None"
>
占位符
</ASP:RangeValidator>
```

代码说明：

用 MinimumValue 和 MaximumValue 来界定控件输入值的范围，用 type 来定义控件输入值的类型。

4.RegularExpresionValidator（正则表达式验证）控件

正则表达式验证控件的功能非常强大，要求被验证控件的输入值，必须符合该控件所携带的正则表达式，正则表达式可以由用户自己构造。为使读者更好地使用此控件，在下文将会对正则表达式的内容做简要介绍。正则表达式验证控件的重要属性如下。

（1）ControlToValidate 属性：指明被绑定的要进行验证的控件，其值为被绑定控件的 ID。

（2）ErrorMessage 属性：当验证不通过时，显示的提示信息。

（3）ValidateExpression 属性：进行验证的正则表达式。

RegularExpresionValidator（正则表达式）控件使用的标准代码举例如下。

```
<ASP:RegularExpressionValidator RunAt="Server"
ControlToValidate="要验证控件名"
ValidationExpression="正则表达式"
errorMessage="错误信息"
display="Static"
>
```

占位符

</ASP:RegularExpressionValidator >

代码说明：

在以上标准代码中，ValidationExpression 是重点，其值可以由用户按照正则表达式的规则自己构造。

在 ValidationExpression 中，不同的字符表示不同的含义，详细的正则表达式语法见"资料3-2"。

5.ValidationSummary（验证总结）控件

当页面上的验证控件过多时，验证信息的提示会显得有些杂乱，此时可以通过 ValidationSummary 验证概要控件将验证信息集中在一个区域显示或通过一个对话框进行提示显示。此时可以将其他的验证控件的 Display 属性设置为 none，即不显示。

验证概要控件的重要属性如下。

（1）ShowMessageBox 属性：设置是否以对话框的形式显示验证提示信息，true 为以对话框方式显示提示信息，false 则不显示对话框。

（2）ShowSummary 属性：设置是否在验证概要控件所在位置显示其他控件的提示信息。true 为显示，false 为不显示。

（3）DisplayMode 属性：设置信息的显示模式，有 3 个选项：BulletList、List、SingleParagraph。

该控件收集本页的所有验证错误信息，并可以将它们组织以后再显示出来。其标准代码如下。

```
<ASP:ValidationSummary RunAT="Server"
HeaderText=" 头信息 "
ShowSummary="True|False"
DiaplayMode="List|BulletList|SingleParagraph"
>
</ASP: ValidationSummary >
```

代码说明：

在以上标准代码中，HeadText 相当于表的 HeadText，DisplayMode 表示错误信息显示方式：List 相当于 HTML 中的
；BulletList 相当于 HTML 中的 <LI>；SingleParegraph 表示错误信息之间不作如何分割。

6.CustomValidator（自定义验证）控件

该控件用自定义的函数界定验证方式，其标准代码如下。

```
<ASP:CustomValidator RunAt="Server"
controlToValidate=" 要验证的控件 "
onServerValidateFunction=" 验证函数 "
errorMessage=" 错误信息 "
Display="Static|Dymatic|None"
>
```

占位符

</ASP: CustomValidator >

以上代码中，用户必须定义一个函数来验证输入。

资料 3-2

正则表达式简介

1. 正则表达式

如果原来没有使用过正则表达式，那么可能对这个术语和概念会不太熟悉。不过，它们并不是您想象的那么新奇。

请回想一下在硬盘上是如何查找文件的。您肯定会使用"？"和"*"字符来帮助查找您正寻找的文件。"？"字符匹配文件名中的单个字符，而 "*" 则匹配一个或多个字符。一个如 'data?.dat' 的模式可以找到下述文件：

data1.dat

data.dat

t

"字符代替"？"字符，则将扩大找到的文件数量。'data.dat' 可以匹配下述所有文件名：

data1.dat

data2.dat

data12.dat

datax.dat

dataXYZ.dat

尽管这种搜索文件的方法肯定很有用，但也十分有限。"？"和"*"通配符的有限能力可以使你对正则表达式能做什么有一个概念，不过正则表达式的功能更强大，也更灵活。

2. 早期起源

正则表达式的"祖先"可以一直上溯至对人类神经系统如何工作的早期研究。Warren McCulloch 和 Walter Pitts 这两位神经生理学家研究出一种数学方式来描述这些神经网络。

1956 年，一位名叫 Stephen Kleene 的美国数学家在 McCulloch 和 Pitts 早期工作的基础上，发表了一篇标题为"神经网事件的表示法"的论文，引入了正则表达式的概念。正则表达式就是用来描述他称为"正则集的代数"的表达式，因此采用"正则表达式"这个术语。

随后，Unix 的主要发明人发现可以将这一工作应用于使用 Ken Thompson 的计算搜索算法的一些早期研究。正则表达式的第一个实用应用程序就是 Unix 中的 qed 编辑器。

剩下的就是众所周知的历史了。从那时起直至现在正则表达式都是基于文本的编辑器和搜索工具中的一个重要部分。

3. 使用正则表达式

在典型的搜索和替换操作中，必须提供要查找的确切文字。这种技术对于静态文本中的简单搜索和替换任务可能足够了，但是由于它缺乏灵活性，因此在搜索动态文本时就有困难了，甚至是不可能的。

使用正则表达式，就可以：

测试字符串的某个模式。例如，可以对一个输入字符串进行测试，看在该字符串是否存在一个电话号码模式或一个信用卡号码模式。这称为数据有效性验证。

替换文本。可以在文档中使用一个正则表达式来标识特定文字，然后可以全部将其删除，或者替换为别的文字。

根据模式匹配从字符串中提取一个子字符串。可以用来在文本或输入字段中查找特定文字。

例如，如果需要搜索整个 Web 站点来删除某些过时的材料并替换某些 HTML 格式化标记，则可以使用正则表达式对每个文件进行测试，看在该文件中是否存在所要查找的材料或 HTML 格式化标记。用这个方法，就可以将受影响的文件范围缩小到包含要删除或更改的材料的那些文件。然后可以使用正则表达式来删除过时的材料，最后，可以再次使用正则表达式来查找并替换那些需要替换的标记。

另一个说明正则表达式非常有用的示例是一种其字符串处理能力还不为人所知的语言。VBScript 是 Visual Basic 的一个子集，具有丰富的字符串处理功能。与 C 语言类似的 Jscript 则没有这一能力。正则表达式给 JScript 的字符串处理能力带来了明显改善。不过，可能还是在 VBScript 中使用正则表达式的效率更高，它允许在单个表达式中执行多个字符串操作。

4. 正则表达式语法

一个正则表达式就是由普通字符（例如字符 a 到 z）以及特殊字符（称为元字符）组成的文字模式。该模式描述在查找文字主体时待匹配的一个或多个字符串。正则表达式作为一个模板，将某个字符模式与所搜索的字符串进行匹配。

这里有一些可能会遇到的正则表达式示例：

JScript	VBScript	匹配
/^\[\t]*$/	″^\[\t]*$″	匹配一个空白行。
/\d{2}-\d{5}/	″\d{2}-\d{5}″	验证一个 ID 号码是否由一个 2 位数字，一个连字符以及一个 5 位数字组成。
/<(.*)>.*<\/\1>/	″<(.*)>.*<\/\1>″	匹配一个 HTML 标记。

下表是元字符及其在正则表达式上下文中的行为的一个完整列表：

字符	描述
\	将下一个字符标记为一个特殊字符、或一个原义字符、或一个后向引用、或一个八进制转义符。例如，'n' 匹配字符 "n"，'\n' 匹配一个换行符，序列 '\\' 匹配 "\"，而 "\(" 则匹配 "("。
^	匹配输入字符串的开始位置。如果设置了 RegExp 对象的 Multiline 属性，^ 也匹配 '\n' 或 '\r' 之后的位置。
$	匹配输入字符串的结束位置。如果设置了 RegExp 对象的 Multiline 属性，$ 也匹配 '\n' 或 '\r' 之前的位置。
*	匹配前面的子表达式零次或多次。例如，zo* 能匹配 "z" 以及 "zoo"，* 等价于 {0,}。
+	匹配前面的子表达式一次或多次。例如，'zo+' 能匹配 "zo" 以及 "zoo"，但不能匹配 "z"，+ 等价于 {1,}。
?	匹配前面的子表达式零次或一次。例如，"do(es)?" 可以匹配 "do" 或 "does" 中的 "do"，? 等价于 {0,1}。
{n}	n 是一个非负整数，匹配确定的 n 次。例如，'o{2}' 不能匹配 "Bob" 中的 'o'，但是能匹配 "food" 中的两个 o。
{n,}	n 是一个非负整数，至少匹配 n 次。例如，'o{2,}' 不能匹配 "Bob" 中的 'o'，但能匹配 "foooood" 中的所有 o。'o{1,}' 等价于 'o+'。'o{0,}' 则等价于 'o*'。
{n,m}	m 和 n 均为非负整数，其中 n <= m。最少匹配 n 次且最多匹配 m 次。例如，"o{1,3}" 将匹配 "fooooood" 中的前三个 o。'o{0,1}' 等价于 'o?'。请注意在逗号和两个数之间不能有空格。
?	当该字符紧跟在任何一个其他限制符 (*, +, ?, {n}, {n,}, {n,m}) 后面时，匹配模式是非贪婪的。非贪婪模式尽可能少的匹配所搜索的字符串，而默认的贪婪模式则尽可能多的匹配所搜索的字符串。例如，对于字符串 "oooo"，'o+?' 将匹配单个 "o"，而 'o+' 将匹配所有 'o'。

字符	描述
.	匹配除 "\n" 之外的任何单个字符。要匹配包括 '\n' 在内的任何字符，请使用象 '[.\n]' 的模式。
(pattern)	匹配 pattern 并获取这一匹配。所获取的匹配可以从产生的 Matches 集合得到，在 VBScript 中使用 SubMatches 集合，在 JScript 中则使用 $0…$9 属性。要匹配圆括号字符，请使用 '\(' 或 '\)'.
(?:pattern)	匹配 pattern 但不获取匹配结果，也就是说这是一个非获取匹配，不进行存储供以后使用。这在使用 "或" 字符 (|) 来组合一个模式的各个部分是很有用。例如，'industr(?:y|ies)' 就是一个比 'industry|industries' 更简略的表达式。
(?=pattern)	正向预查，在任何匹配 pattern 的字符串开始处匹配查找字符串。这是一个非获取匹配，也就是说，该匹配不需要获取供以后使用。例如，'Windows (?=95|98|NT|2000)' 能 匹配 "Windows 2000" 中的 "Windows"，但不能匹配 "Windows 3.1" 中的 "Windows"。预查不消耗字符，也就是说，在一个匹配发生后，在最后一次匹配之后立即开始下一次匹配的搜索，而不是从包含预查的字符之后开始。
(?!pattern)	负向预查，在任何不匹配 Negative lookahead matches the search string at any point where a string not matching pattern 的字符串开始处匹配查找字符串。这是一个非获取匹配，也就是说，该匹配不需要获取供以后使用。例如，'Windows (?!95|98|NT|2000)' 能匹配 "Windows 3.1" 中的 "Windows"，但不能匹配 "Windows 2000" 中的 "Windows"。预查不消耗字符，也就是说，在一个匹配发生后，在最后一次匹配之后立即开始下一次匹配的搜索，而不是从包含预查的字符之后开始。
x|y	匹配 x 或 y。例如，'z|food' 能匹配 "z" 或 "food"。'(z|f)ood' 则匹配 "zood" 或 "food"。
[xyz]	字符集合。匹配所包含的任意一个字符。例如，'[abc]' 可以匹配 "plain" 中的 'a'.
[^xyz]	负值字符集合。匹配未包含的任意字符。例如，'[^abc]' 可以匹配 "plain" 中的 'p'.
[a-z]	字符范围。匹配指定范围内的任意字符。例如，'[a-z]' 可以匹配 'a' 到 'z' 范围内的任意小写字母字符。
[^a-z]	负值字符范围。匹配任何不在指定范围内的任意字符。例如，'[^a-z]' 可以匹配任何不在 'a' 到 'z' 范围内的任意字符。
\b	匹配一个单词边界，也就是指单词和空格间的位置。例如，'er\b' 可以匹配 "never" 中的 'er'，但不能匹配 "verb" 中的 'er'.
\B	匹配非单词边界。'er\B' 能匹配 "verb" 中的 'er'，但不能匹配 "never" 中的 'er'.
\cx	匹配由 x 指明的控制字符。例如，\cM 匹配一个 Control-M 或回车符。x 的值必须为 A-Z 或 a-z 之一。否则，将 c 视为一个原义的 'c' 字符。
\d	匹配一个数字字符。等价于 [0-9]。
\D	匹配一个非数字字符。等价于 [^0-9]。
\f	匹配一个换页符。等价于 \x0c 和 \cL。
\n	匹配一个换行符。等价于 \x0a 和 \cJ。
\r	匹配一个回车符。等价于 \x0d 和 \cM。
\s	匹配任何空白字符，包括空格、制表符、换页符，等等。等价于 [\f\n\r\t\v]。
\S	匹配任何非空白字符。等价于 [^ \f\n\r\t\v]。
\t	匹配一个制表符。等价于 \x09 和 \cI。
\v	匹配一个垂直制表符。等价于 \x0b 和 \cK。
\w	匹配包括下划线的任何单词字符。等价于 '[A-Za-z0-9_]'.
\W	匹配任何非单词字符。等价于 '[^A-Za-z0-9_]'.
\xn	匹配 n，其中 n 为十六进制转义值。十六进制转义值必须为确定的两个数字长。例如，'\x41' 匹配 "A"。'\x041' 则等价于 '\x04' & "1"。正则表达式中可以使用 ASCII 编码。
\num	匹配 num，其中 num 是一个正整数。对所获取的匹配的引用。例如，'(.)\1' 匹配两个连续的相同字符。

字符	描述
\n	标识一个八进制转义值或一个后向引用。如果 \n 之前至少 n 个获取的子表达式，则 n 为后向引用。否则，如果 n 为八进制数字 (0-7)，则 n 为一个八进制转义值。
\nm	标识一个八进制转义值或一个后向引用。如果 \nm 之前至少有 is preceded by at least nm 个获取得子表达式，则 nm 为后向引用。如果 \nm 之前至少有 n 个获取，则 n 为一个后跟文字 m 的后向引用。如果前面的条件都不满足，若 n 和 m 均为八进制数字 (0-7)，则 \nm 将匹配八进制转义值 nm。
\nml	如果 n 为八进制数字 (0-3)，且 m 和 l 均为八进制数字 (0-7)，则匹配八进制转义值 nml。
\un	匹配 n，其中 n 是一个用四个十六进制数字表示的 Unicode 字符。例如，\u00A9 匹配版权符号 (?)。

3.2.2　任务：为学生信息管理系统的注册页面加入数据验证功能

在 "3.1.3 任务" 中，我们只是利用 ASP.NET 的 Web 服务器控件完成了一个注册界面的构造，但在该注册界面中，用户可以输入的数据内容不受限制。用户既可以输入合法的、有效的数据，也可以不受限制地输入非法的、不合规范的数据，这种数据的输入，容易给程序的可靠性、易用性带来影响。

下面我们要利用前面所讲的 ASP.NET 验证控件来为该注册界面增加验证功能，防止用户输入不合法的数据，达到过滤非法数据进入系统的目的。

1. 任务要求

（1）页面采用 "3.1.3 任务" 所创建的注册页面。

（2）当用户所输入的帐号为空或包含非字母、数字、下划线等非法字符时，或者长度不足 4 位或超过 20 位时，给出出错提示，并停止登录验证。

（3）密码长度不足 6 位或超过 20 位时，给出出错提示。

（4）前后两次输入的密码必须一致。

（5）手机号码只能是以 1 开头的，第 2 位为 3 或 5 的，总长度为 11 位的数字字符串。

（6）用户所输入的邮箱地址必须符合邮箱名称的规则。例如 zhongyj@163.com 是一个合法的电子邮件地址，而 zhongyj#163.com 就不是一个合法的电子邮件地址。

2. 解决步骤

（1）启动 Visual Studio 2010 集成开发环境，在开发环境中打开 "3.1.3 任务" 所创建的 task3 网站。

（2）打开 Register.aspx 页面，并切换到设计视图。

（3）在页面上添加相关验证控件，以实现本任务的验证要求。

①对帐号的验证

a. 在帐号所在行的第三个单元格，创建一个 RequiredFieldValidator 验证控件，将该验证控件的 ErrorMessage 属性设置为 "帐号不能为空"，ControlToValidate 属性设置为 txtAccount，并将其 ID 设置为 rfvAccount。

b. 在同样的位置，创建一个 RegularExpressionValidator 控件（正则表达式验证控件），将该验证控件的 ErrorMessage 属性设置为 "帐号长度介于 4-20 个字符"。ValidationExpression 属性设置为 "[\u4e00-\u9fa5]{2,5}"。将 ControlToValidate

属性设置为 txtAccount，并将其 ID 设置为 revAccount。

说明： 此处正则表达式的含义为：

● [\u4e00-\u9fa5 是汉字字符的 unicode 的编码范围，即限定帐号只能为中文。

● {2,5} 表示限定帐号的字符个数为 2～5 个。

②对密码框的验证

a. 从工具箱中，拖拉一个 RequiredFieldValidator 验证控件放在密码所在行的第三个单元格，并将该验证控件的 ErrorMessage 属性设置为"密码不能为空"。ControlToValidate 属性设置为 txtPassword1，并将其 ID 设置为 rfvPassword1。

b. 从工具箱中，再拖拉一个 RegularExpressionValidator 控件（正则表达式验证控件）置于同样的位置，并将该验证控件的 ErrorMessage 属性设置为"密码长度不能少于 6 个字符，也不能长于 20 个字符"。将 ValidationExpression 属性的值设置为".{6,20}"，此表达式的意思为密码字符串的长度在 6-20 之间。将 ControlToValidate 属性设置为 txtPassword1，并将其 ID 设置为 revPassword1。

③对重复密码框的验证

从工具箱中，拖拉一个 CompareValidator 控件放在重复密码框所在行的第三个单元格。将该控件的 ErrorMessage 属性设置为"前后两次密码不一致，请检查！"。将 ControlToValidate 属性设置为 txtPassword2，ControlToCompare 属性设置为 txtPassword1。ID 属性设置为 cvPassword2。

④对性别的验证

从工具箱中拖拉一个 RequiredFieldValidator 验证控件放在性别所在行的第三个单元格中，并将该控件的 ControlToValidate 属性设置为 rblSex。ErrorMessage 属性设置为"必须选择性别"。ID 属性设置为 rfvSex。

⑤对出生日期的验证

a. 从工具箱中拖拉一个 RequiredFieldValidator 控件，放在出生日期所在行的第三个单元格中，并将该验证控件的 ControlToValidate 属性设置为 txtBirthday；ErrorMessage 属性设置"出生日期不能为空"。验证控件的 ID 属性设置为"rfvBirthday"。

b. 从工具箱中拖拉一个 RegularExpressionValidator 控件，放在出生日期所在行的第三个单元格中。并将该验证控件的 ControlToValidate 属性设置为 txtBirthday；ErrorMessage 属性设置"出生日期为不符合格式"。ValidationExpression 设置为"\d{4}-(0[1-9]|1[0-2])-(0[1-9]|[12][0-9]|3[01])"，控件的 ID 属性设置为"revBirthday"。

说明： 此处正则表达式的含义为：

● \d{4}：表示年份为 4 个数字即可。

● (0[1-9]|1[0-2])：表示月份有两种情况，一种为月份的第 1 位为 0 时，第 2 位可取 1-9；而当月份的第 1 位为 1 时，第 2 位可取 0-2。

● (0[1-9]|[12][0-9]|3[01])：表示日有三种情况：一为当日的第 1 位为 0 时，第 2 位可为 1-9；当日部分的第 1 位为 1 或 2 时，第 2 位可为 0-9；当日的部分的第 1 位为 3 时，第 2 位可取 0 或 1。

⑥对籍贯无需验证。

⑦对手机号码的验证：从工具箱中拖拉一个 RegularExpressionValidator 验证控件放在手机所在行的第三个单元格。将该验证控件的 ErrorMessage 属性设置

为"手机号码无效，请检查！"。将 ControlToValidate 属性设置为 txtMobile。
ValidationExpression 属性的值设置为"1[35]\d{9}"，ID 属性设置为 revMobile。

  说明： 此处正则表达式的含义为：

● 手机号码的第 1 位必须为 1。

● 手机号码的第 2 位可以为 3 或 5。

● 手机号码后面 9 位应全部为数字。

  ⑧对邮箱的验证：从工具箱中拖拉一个 RegularExpressionValidator 验证控件放在邮箱所在行的第三个单元格。将该验证控件的 ErrorMessage 属性设置为"邮箱地址无效，请检查！"。将 ControlToValidate 属性设置为 txtEmail。Validation-Expression 属性的值设置为"\w+([-+.']\w+)*@\w+([-.]\w+)*\. \w+([-.]\w+)*"，ID 属性设置为 revEmail。

  下面是各验证控件的属性列表，供读者对照查阅，见表 3-11。

表 3-11　验证控件属性设置列表

序号	控件	属性	值	备注
1	rfvAccount	ID	rfvAccount	验证帐号必须要输入
		ControlToValidate	txtAccount	
		ErrorMessage	帐号不能为空	
2	revAccount	ID	revName	\u4e00-\u9fa5 是汉字编码的范围；此处限定帐号必须为 2～5 个汉字
		ControlToValidate	txtName	
		ErrorMessage	帐号长度介于 4～20 个字符	
		ValidationExpression	[\u4e00-\u9fa5]{2,5}	
3	rfvPassword1	ID	rfvPassword1	
		ControlToValidate	txtPassword1	
		ErrorMessage	密码不能为空	
4	revPassword1	ID	revPassword1	
		ControlToValidate	txtPassword1	
		ErrorMessage	密码长度不能少于 6 个字符，也不能长于 20 个字符	
		ValidationExpression	.{6,20}	
5	cvPassword2	ID	cvPassword2	
		ControlToValidate	txtPassword2	
		ErrorMessage	前后两次密码不一致,请检查!	
		ControlToCompare	txtPassword1	
6	rfvSex	ID	rfvSex	
		ControlToValidate	rblSex	
		ErrorMessage	必须选择性别	
7	rfvBirthday	ID	rfvBirthday	验证出生日期必须输入
		ControlToValidate	txtBirthday	
		ErrorMessage	出生日期不能为空	

（接上页）表 3-11　　验证控件属性设置列表

序号	控件	属性	值	备注
8	revBirthday	ID	revBirthday	按 YYYY-MM-DD 格式进行验证的正则表达式
		ControlToValidate	txtBirthday	
		ValidationExpression	\d{4}-0[1-9]|1[0-2]-(0[1-9]|[12][0-9]|3[01])	
		ErrorMessage	出生日期格式不正确	
9	revMobile	ID	revMobile	
		ControlToValidate	txtMobile	
		ErrorMessage	手机号码无效，请检查！	
		ValidationExpression	1[35]\d{9}	
10	revEmail	ID	revEmail	验证身份证号必须15 位数字或者 18 位数字
		ControlToValidate	txtEmail	
		ErrorMessage	邮箱地址无效，请检查！	
		ValidationExpression	\w+([-+.']\w+)*@\w+([-.]\w+)*\. \w+([-.]\w+)*	

（4）按键盘上的 F5 键，启动页面进行浏览，在页面中输入一些无效信息，可以看到页面的验证效果，见图 3-8。

从这个页面效果图可以看出，对凡是输入无效或通不过验证控件验证的信息，验证控件都会按预设的错误信息进行提示，能够让操作者及时更正输入的无效信息，从而避免无效信息进入系统。

但读者同时也发现，如果一个页面中的验证控件过多的话，验证信息显示的效果会让人感觉杂乱无章。而且，有些验证控件还要占用一定的位置空间，破坏了原有页面的布局。

为了避免验证控件的这种对页面布局的不利影响，在 ASP.NET 中还有一个验证总结控件（ValidationSummary），该控件能够很好地起到收集页面上所有验证控件信息的作用。下面我们将一个 ValidationSummary 验证控件添加到页面，以改善页面的布局效果。

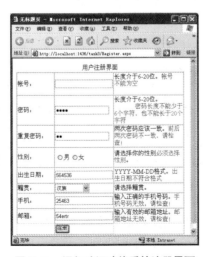

图 3-8　添加验证功能后的注册界面

3. 对验证控件页面的完善操作步骤

（1）从工具箱中拖拉一个 ValidationSummary 验证控件到"注册"按钮所在行的第三个单元格，并对其进行如下属性设置。

① ID：ValidationSummary1

② ShowMessageBox：true

③ ShowSummary：false

说明：

此处 ShowMessageBox 设置为 true 也即在显示验证控件出错信息的时候，以对话框形式显示。并且将 ShowSummary 设置为 false，也即不以平面的形式显示出错信息。

（2）将页面上其他控件的 Display 属性全部设置为 None，即让其他验证控件的显示全部屏蔽。

设置完毕后，按键盘上的 F5 键，再次启动页面进行浏览，在页面控件中输入有关信息，然后点"注册"按钮，得到的效果如图 3-9 所示。

小结： 使用 ASP.NET 提供的验证控件，程序员可以方便地实现对页面输入数据进行验证的目的，而不需要去编写繁杂的 JavaScript 代码，这大大地减轻了程序员的负担。以前需要编写大量代码才能实现的客户端验证，现在只需要通过鼠标拖曳，就能轻松实现 Web 程序的客户端验证，对程序员来说无疑是一个福音。

图 3-9   添加了 ValidationSummary 控件后的页面效果

3.2.3   实训：为办公自动化系统的人事档案管理页面加入数据验证功能

实训要求：

（1）采用"3.1.4 实训"所制作好的人事档案输入界面页面。

（2）姓名输入框不能为空，并且输入的内容限制为 2～4 个字符。

（3）性别无要求。

（4）出生日期中的年份介于 1900～当前年份，月份介于 1～12，日期介于 1～31。

（5）政治面貌从政治面貌列表框中选择。

（6）职称从职称列表框中选择。

（7）岗位工资限制为 300 ～ 5000 元，可以带小数，但不得出现非法字符。

（8）岗位补贴限制为 100 ～ 3000 元，可以带小数，但不得出现非法字符。

（9）如果用户的输入不符合输入要求，则给出提示信息。

 习　题

一、选择题

1. 在一个 Web 窗体中放置了一个 HTML 控件，如何做才能让 HTML 控件变成 HTML 服务器控件？（　　）

（A）通过添加 runat="server" 属性和设置 Attribute 属性

（B）通过添加 id 属性和设置 Attribute 属性

（C）通过添加 runat="server" 属性和设置 id 属性

（D）通过添加 runat="server" 属性和设置 value 属性

2. 在 Visual Studio 2010 中，添加一个服务器 CheckBox 控件，单击此控件不能生成一个回发，如何做才能让 CheckBox 的事件导致页面被提交？（选择两个正确答案）（　　）

（A）为 CheckBox 控件添加事件

（B）设置 IE 浏览器可以运行脚本

（C）AutoPostBack 属性设置为 true

（D）AutoPostBack 属性设置为 false

3. 验证用户输入的值在 18 ～ 60 的范围内，要使用（　　）验证。

（A）RegularExpressionValidatof 控件

（B）CompareValidator 控件

（C）RangeValidator 控件

（D）RequiredFieldValidator 控件

4. 在 CompareValidator 控件的 Operator 属性，指定了大于等于比较操作符，选择（　　）比较操作符。

（A）Equal

（B）NotEqual

（C）GreaterThan

（D）GreaterThanEqual

5. 若要在页面上直接显示"<b>asp.net4.0基础知识<b>"，而不需要被浏览器解释，应使用下列哪个控件？（　　）

（A）使用 Label 控件，并以 Mode 属性对内容进行编码。

（B）使用 TextBox 控件，并以 Mode 属性对内容进行编码。

（C）使用 Literal 控件，并以 Mode 属性对内容进行编码。

（D）使用 HtmlInputText 控件，并以 Mode 属性对内容进行编码。

6. 正则表达式".{1,}[区，市，省]{1}.{1,}[区，市].{1,}[街，路]{1}[0-9]{1,}

号 . [公寓，小区]{1}[0-9]{1,} 幢 [0-9]{5} 室" 验证正确的是（   ）。

（A）浙江省杭州市下沙路 256 号富康公寓 16 幢 18601 室

（B）上海市徐家汇区交大路 245 号高教村 8 幢 306 室

（C）宁夏回族自治区吴忠市余名大街 265 号西湖小区 8 幢 302 室

（D）浙江省杭州市西湖大道 126 号金星大厦 16 层 1601 室

7. 下列哪个关于验证控件描述是正确的？（   ）

（A）CustomValidator 允许自定义验证逻辑来验证用户输入。

（B）RangeValidator 检查用户的输入是否在指定的上下限内。可以检查数字对、字母对和日期对限定的范围，如电子邮件地址、电话号码、邮政编码等内容中的字符序列。

（C）RegularExpressionValidator 检查项与正则表达式定义的模式是否匹配。此类验证可用于检查可预知的字符序列（使用小于、等于或大于等比较运算符）。

（D）使用 CompareValidator 控件时必须设置 ControlToCompare 属性才可以进行验证。

8. 假设要开发一个用户登录界面，要求用户必须填写用户名和密码，才能提交登录。应该使用哪个控件？（   ）

（A）RequiredFieldValidator

（B）RangeValidator

（C）CustomValidator

（D）RangeValidator

9. 创建一个 Web 窗体，其中包括多个控件，并且都添加了验证控件进行输入验证，同时禁止了所有客户端的验证。当单击按钮提交窗体时，为了确保只有当用户输入的数据完全符合验证时才执行代码处理，需要怎样做？（   ）

（A）在 Button 控件的 Click 事件处理程序中，测试页面的 IsValid 属性，如果此属性为 true 则执行代码。

（B）在页面的 Page_Load 事件处理程序中，测试页面的 IsValid 属性，如果此属性为 true 则执行代码。

（C）在 Page_Load 事件处理程序中调用 Page 的 Validate 方法。

（D）为所有的验证控件添加 runat="server"。

二、操作题

远程教学系统的登录 & 注册页面的设计

设计远程教学系统的登录和注册页面，要求具有验证功能，并能在线显示用户输入的内容。

项目四　使用 ASP.NET 内置对象实现状态管理

学习目标

☆ 了解 HTTP 协议的无状态性

☆ 了解状态管理的类型

☆ 了解 Response 对象和 Request 对象的使用方法

☆ 掌握 ASP.NET 中实现状态管理的方法

☆ 掌握 Application 对象和 Session 对象的不同及使用方法

☆ 掌握 Cookie 对象的使用方法

☆ 了解 Server 对象的使用方法

4.1　了解 ASP.NET 状态管理

4.1.1　知识 1：状态管理的类型

1. 什么是状态管理？

在前面的任务中，我们已经学习了什么是 Web 应用程序，以及 Web 应用的工作原理。Web 应用程序使用的是 HTTP（Hypertext Transfer Protocol）协议，HTTP 是一种无状态的协议，无状态是指 Web 浏览器和 Web 服务器之间不需要建立持久的连接，每一次请求，应答的内容、状态及完成情况不作为历史数据保留到下一阶段使用。也就是说，在每一次往返行程中，与该页及该页上的控件相关联的所有信息都会丢失。例如，如果用户将信息输入到文本框，该信息将在从浏览器或客户端设备到服务器的往返行程中丢失。

状态管理是对同一页或不同页的多个请求维护状态和页信息的过程。与所有基于 HTTP 的技术一样，Web 窗体页是无状态的，这意味着它们不自动指示序列中的请求是否全部来自相同的客户端，或者单个浏览器实例是否一直在查看页或站点。此外，到服务器的每一往返过程都将销毁并重新创建页，因此，如果超出了单个页的生命周期，页信息将不存在。

为了解决传统 Web 编程的固有限制，ASP.NET 包括了几个选项，可帮助按页保留数据和在整个应用程序范围内保留数据。从信息保存的位置来看，状态管理可分为基于客户端的状态管理和基于服务器的状态管理。

2. 基于客户端的状态管理

下面各节描述一些状态管理选项,这些选项涉及在页中或客户端计算机上存储信息。对于这些选项,在各往返行程间不会在服务器上维护任何信息。

(1) 视图状态

ViewState 属性提供一个字典对象,用于在对同一页的多个请求之间保留值。这是页用来在往返行程之间保留页和控件属性值的默认方法。在处理页时,页和控件的当前状态会散列为一个字符串,并在页中保存为一个隐藏域或多个隐藏域(如果存储在 ViewState 属性中的数据量超过了 MaxPageStateFieldLength 属性中的指定值)。当将页回发到服务器时,页会在页初始化阶段分析视图状态字符串,并还原页中的属性信息。也可以使用视图状态来存储值。

①视图状态的优点

a. 不需要任何服务器资源:视图状态包含在页代码内的结构中。

b. 实现简单:视图状态无需使用任何自定义编程。默认情况下对控件启用状态数据的维护。

c. 增强的安全功能:视图状态中的值经过哈希计算和压缩,并且针对 Unicode 实现进行编码,其安全性要高于使用隐藏域。

②视图状态的缺点

a. 性能注意事项:由于视图状态存储在页本身,因此如果存储较大的值,用户显示页和发布页时的速度可能会减慢。尤其是对移动设备,其带宽通常是有限的。

b. 设备限制:移动设备可能没有足够的内存容量来存储大量的视图状态数据。

c. 潜在的安全风险:视图状态存储在页上的一个或多个隐藏域中。虽然视图状态以哈希格式存储数据,但它可以被篡改。如果直接查看页输出源,可以看到隐藏域中的信息,这导致潜在的安全性问题。

(2) 控件状态

有时为了让控件正常工作,开发人员需要按顺序存储控件状态数据。例如,如果编写了一个自定义控件,其中使用了不同的选项卡来显示不同的信息。为了让自定义控件按预期的方式工作,该控件需要知道在往返行程之间选择了哪个选项卡。可以使用 ViewState 属性来实现这一目的,不过,开发人员可以在页级别关闭视图状态,从而使控件无法正常工作。为了解决此问题,ASP.NET 页框架在 ASP.NET 中公开了一项名为控件状态的功能。ControlState 属性允许保持特定于某个控件的属性信息,且不能像 ViewState 属性那样被关闭。

①控件状态的优点

a. 不需要任何服务器资源:默认情况下,控件状态存储在页上的隐藏域中。

b. 可靠性:因为控件状态不像视图状态那样可以关闭,控件状态是管理控件的状态的更可靠方法。

c. 通用性:可以编写自定义适配器来控制如何存储控件状态数据和控件状态数据的存储位置。

②控件状态的缺点

a. 需要一些编程:虽然 ASP.NET 页框架为控件状态提供了基础,但是控件状态是一个自定义的状态保持机制。为了充分利用控件状态，必须编写代码来保存和加载控件状态。

（3）隐藏域

ASP.NET 允许将信息存储在 HiddenField 控件中，此控件将呈现为一个标准的 HTML 隐藏域。隐藏域在浏览器中不以可见的形式呈现，但可以像对待标准控件一样设置其属性。当向服务器提交页时，隐藏域的内容将在 HTTP 窗体集合中随同其他控件的值一起发送。隐藏域可用作一个储存库，可以将希望直接存储在页中的任何特定于页的信息放置到其中。

注意：

恶意用户可以很容易地查看和修改隐藏域的内容，所以，不要在隐藏域中存储任何敏感信息或保障应用程序正确运行的信息。

HiddenField 控件在其 Value 属性中只存储一个变量，并且必须通过显式方式添加到页上。

为了在页处理期间能够使用隐藏域的值，必须使用 HTTP POST 命令提交相应的页。如果在使用隐藏域的同时，为了响应某个链接或 HTTP GET 命令而对页进行了相应处理，那么隐藏域将不可用。

①隐藏域的优点

a. 不需要任何服务器资源：隐藏域在页上存储和读取。

b. 广泛的支持：几乎所有浏览器和客户端设备都支持具有隐藏域的窗体。

c. 实现简单：隐藏域是标准的 HTML 控件，不需要复杂的编程逻辑。

②隐藏域的缺点

a. 潜在的安全风险：隐藏域可以被篡改。如果直接查看页输出源，可以看到隐藏域中的信息，这导致潜在的安全性问题。您可以手动加密和解密隐藏域的内容，但这需要额外的编码和开销。如果关注安全，请考虑使用基于服务器的状态机制，从而不将敏感信息发送到客户端。

b. 简单的存储结构：隐藏域不支持复杂数据类型。隐藏域只提供一个字符串值域存放信息。若要存储多个值，必须实现分隔的字符串以及用来分析那些字符串的代码。您可以手动分别将复杂数据类型序列化为隐藏域以及将隐藏域反序列化为复杂数据类型。但是，这需要额外的代码来实现。如果您需要将复杂数据类型存储在客户端上，请考虑使用视图状态。视图状态内置了序列化，并且将数据存储在隐藏域中。

c. 性能注意事项：由于隐藏域存储在页本身，因此如果存储较大的值，用户显示页和发布页时的速度可能会减慢。

d. 存储限制：如果隐藏域中的数据量过大，某些代理和防火墙将阻止对包含这些数据的页的访问。因为最大数量会随所采用的防火墙和代理的不同而不同，较大的隐藏域可能会出现偶发性问题。

如果需要存储大量的数据项，可以考虑执行下列操作之一：

● 将每个项放置在单独的隐藏域中。

● 使用视图状态并打开视图状态分块，这样会自动将数据分割到多个隐藏域。

● 不将数据存储在客户端上，将数据保留在服务器上。向客户端发送的数据越多，应用程序的表面响应时间越慢，因为浏览器需要下载或发送更多的数据。

（4）Cookie

Cookie 是一些少量的数据，这些数据或者存储在客户端文件系统的文本文件中，或者存储在客户端浏览器会话的内存中。Cookie 包含特定于站点的信息，这些信息是随页输出一起由服务器发送到客户端的。Cookie 可以是临时的（具有特定的过期时间和日期），也可以是永久的。可以使用 Cookie 来存储有关特定客户端、会话或应用程序的信息。Cookie 保存在客户端设备上，当浏览器请求某页时，客户端会将 Cookie 中的信息连同请求信息一起发送。服务器可以读取 Cookie 并提取它的值。一项常见的用途是存储标记（可能已加密），以指示该用户已经在应用程序中进行了身份验证。

① Cookie 的优点

a. 可配置到期规则：Cookie 可以在浏览器会话结束时到期，或者可以在客户端计算机上无限期存在，这取决于客户端的到期规则。

b. 不需要任何服务器资源：Cookie 存储在客户端并在发送后由服务器读取。

c. 简单性：Cookie 是一种基于文本的轻量结构，包含简单的键值对。

d. 数据持久性：虽然客户端计算机上 Cookie 的持续时间取决于客户端上的 Cookie 过期处理和用户干预，Cookie 通常是客户端上持续时间最长的数据保留形式。

② Cookie 的缺点

a. 大小受到限制：大多数浏览器对 Cookie 的大小有 4096 字节的限制，尽管在当今新的浏览器和客户端设备版本中，支持 8192 字节的 Cookie 大小已愈发常见。

b. 用户配置为禁用：有些用户禁用了浏览器或客户端设备接收 Cookie 的能力，因此限制了这一功能。

c. 潜在的安全风险：Cookie 可能会被篡改。用户可能会操纵其计算机上的 Cookie，这意味着会对安全性造成潜在风险或者导致依赖于 Cookie 的应用程序失败。另外，虽然 Cookie 只能被将它们发送到客户端的域访问，历史上黑客已经发现从用户计算机上的其他域访问 Cookie 的方法。可以手动加密和解密 Cookie，但这需要额外的编码，并且因为加密和解密需要耗费一定的时间而影响应用程序的性能。

（5）查询字符串

查询字符串是在页 URL 的结尾附加的信息。下面是一个典型的查询字符串示例。

http://www.contoso.com/listwidgets.aspx?category=basic&price=100

在上面的 URL 路径中，查询字符串以问号（?）开始，并包含两个属性／值对：一个名为"category"，另一个名为"price"。

查询字符串提供了一种维护状态信息的方法，这种方法很简单，但有使用上的限制。例如，利用查询字符串可以很容易地将信息从一页传送到另一页。又如，将产品号从一页传送到将处理该产品号的另一页。但是大多数浏览器和客户端设备会将 URL 的最大长度限制为 2083 个字符。

①查询字符串的优点

a. 不需要任何服务器资源：查询字符串包含在对特定 URL 的 HTTP 请求中。

b. 广泛的支持：几乎所有的浏览器和客户端设备均支持使用查询字符串传递值。

c. 实现简单：ASP.NET 完全支持查询字符串方法，其中包含了使用 HttpRequest 对象的 Params 属性读取查询字符串的方法。

②查询字符串的缺点

a. 潜在的安全性风险：用户可以通过浏览器用户界面直接看到查询字符串中的信息。用户可将此 URL 设置为书签或发送给别的用户，从而通过此 URL 传递查询字符串中的信息。如果您担心查询字符串中的任何敏感数据，请考虑使用窗体（使用 POST 而不是查询字符串）中的隐藏域。

b. 有限的容量：有些浏览器和客户端设备对 URL 的长度有 2083 个字符的限制。

 **资料 4-1**

客户端方法状态管理摘要

表 4-1 列出了 ASP.NET 可用的客户端状态管理选项，并提供了有关何时使用每个选项的建议。

表 4-1　客户端方法状态管理摘要

状态管理选项	使用建议
视图状态	当需要存储少量回发到自身的页信息时使用，使用 ViewState 属性可提供具有基本安全性的功能。
控件状态	当需要在服务器的往返过程间存储少量控件状态信息时使用。
隐藏域	当需要存储少量回发到自身或另一页的页信息时使用，也可以在不存在安全性问题时使用。 注意：只能在提交到服务器的页上使用隐藏域。
Cookie	当需要在客户端存储少量信息以及不存在安全性问题时使用。
查询字符串	当需要将少量信息从一页传输到另一页以及不存在安全性问题时使用。 注意：只有在请求同一页，或通过链接请求另一页时，才能使用查询字符串。

3. 基于服务器的状态管理

（1）应用程序状态

ASP.NET 允许使用应用程序状态来保存每个活动的 Web 应用程序的值，应用程序状态是 HttpApplicationState 类的一个实例。应用程序状态是一种全局存储机制，可从 Web 应用程序中的所有页面访问。因此，应用程序状态可用于存储需要在服务器往返行程之间及页请求之间维护的信息。应用程序状态存储在一个键/值字典中，在每次请求一个特定的 URL 期间就会创建这样一个字典。可以将特定于应用程序的信息添加到此结构以便在页请求期间存储它。一旦将应用程序特定的信息添加到应用程序状态中，服务器就会管理该对象。

①应用程序状态的优点

a. 实现简单：应用程序状态易于使用，为 ASP 开发人员所熟悉，并且与其他 .NET Framework 类一致。

b. 应用程序范围：由于应用程序状态可供应用程序中的所有页来访问，因此在应用程序状态中存储信息可能意味着仅保留信息的一个副本。例如，相对于在会话状态或在单独页中保存信息的多个副本。

②应用程序状态的缺点

a. 应用程序范围：应用程序状态的范围可能也是一项缺点。在应用程序状态中存储的变量仅对于该应用程序正在其中运行的特定进程而言是全局的，并且每一应用程序进程可能具有不同的值。因此，不能依赖应用程序状态来存储唯一值或更新 Web 场和

Web 园服务器配置中的全局计数器。

b. 数据持续性有限：因为在应用程序状态中存储的全局数据是易失的，所以如果包含这些数据的 Web 服务器进程被损坏（如因服务器崩溃、升级或关闭而损坏），将丢失这些数据。

c. 资源要求：应用程序状态需要服务器内存，这可能会影响服务器的性能以及应用程序的可伸缩性。

（2）会话状态

ASP.NET 允许您使用会话状态保存每个活动的 Web 应用程序会话的值，会话状态是 HttpSessionState 类的一个实例。会话状态与应用程序状态相似，不同的只是会话状态的范围限于当前的浏览器会话。如果有不同的用户在使用您的应用程序，则每个用户会话都将有一个不同的会话状态。此外，如果同一用户在退出后又返回到应用程序，第二个用户会话的会话状态也会与第一个不同。会话状态采用键／值字典形式的结构来存储特定于会话的信息，这些信息需要在服务器往返行程之间及页请求之间进行维护。

①会话状态的优点

a. 实现简单：会话状态功能易于使用，为 ASP 开发人员所熟悉，并且与其他 .NET Framework 类一致。会话特定的事件及会话管理事件可以由应用程序引发和使用。

b. 数据持久性：放置于会话状态变量中的数据可以经受得住 Internet 信息服务（IIS）重新启动和辅助进程重新启动，而不丢失会话数据，这是因为这些数据存储在另一个进程空间中。此外，会话状态数据可跨多进程保持（例如在 Web 场或 Web 园中）。

c. 平台可伸缩性：会话状态可在多计算机和多进程配置中使用，因而优化了可伸缩性方案。

d. 无需 Cookie 支持：尽管会话状态最常见的用途是与 Cookie 一起向 Web 应用程序提供用户标识功能，但会话状态可用于不支持 HTTP Cookie 的浏览器。但是，使用无 Cookie 的会话状态需要将会话标识符放置在查询字符串中（同样会遇到本主题在查询字符串一节中陈述的安全问题）。有关使用无 Cookie 会话状态的更多信息，请参见配置 ASP.NET 应用程序。

e. 可扩展性：您可通过编写自己的会话状态提供程序自定义和扩展会话状态。然后可以通过多种数据存储机制（例如数据库、XML 文件甚至 Web 服务）将会话状态数据以自定义数据格式存储。

②会话状态的缺点

性能注意事项：会话状态变量在被移除或替换前保留在内存中，因而可能降低服务器性能。如果会话状态变量包含诸如大型数据集之类的信息块，则可能会因服务器负荷的增加影响 Web 服务器的性能。

（3）配置文件属性

ASP.NET 提供了一个称为配置文件属性的功能，可存储特定于用户的数据。此功能与会话状态类似，不同的是，在用户的会话过期时，配置文件数据不会丢失。配置文件属性功能使用 ASP.NET 配置文件，此配置文件以持久的格式存储，并与某个用户关联。ASP.NET 配置文件可让您轻松地管理用户信息，而无需创建和维护自己的数据库。此外，配置文件使用了一个强类型 API，可以在应用程序中的任何位置访问该 API，从而使用用户信息。您可以在配置文件中存储任何类型的对象。ASP.NET 配置文件功能提供了一个通用存储系统，使您能够定义和维护几乎任何类型的数据，同时仍可用类型安全的方式使用数据。

①配置文件属性的优点

a. 数据持久性：放置在配置文件属性中的数据在 IIS 和辅助进程重新启动过程中得以保留而不会丢失数据，因为数据存储在一个外部机制中。此外，配置文件属性可跨多进程保持（例如在 Web 场或 Web 园中）。

b. 平台可伸缩性：配置文件属性可在多计算机和多进程配置中使用，因而优化了可伸缩性方案。

c. 可扩展性：为了使用配置文件属性，您必须对配置文件提供程序进行配置。ASP.NET 提供了一个 SqlProfileProvider 类，使您可以将配置文件数据存储在 SQL 数据库中，但您也可以创建自己的配置文件提供程序类将配置文件数据按自定义格式存储到自定义存储机制中，例如 XML 文件甚至 Web 服务。

②配置文件属性的缺点

a. 性能注意事项：配置文件属性通常比使用会话状态慢，因为前者将数据持久保存到数据存储设备而非内存中。

b. 额外的配置要求：与会话状态不同，配置文件属性功能需要使用相当数量的配置。若要使用配置文件属性，您不仅要对配置文件提供程序进行配置，还要预先配置您想要存储的所有配置文件属性。

c. 数据维护：配置文件属性需要一定的维护。因为配置文件数据持久保存到存储设备中，所以必须确保在数据陈旧时，应用程序调用由配置文件提供程序提供的相应清理机制。

（4）数据库支持

在某些情况中，可能希望使用数据库支持来维护网站上的状态。通常数据库支持与 Cookie 或会话状态结合在一起使用。例如对于电子商务网站，普遍使用关系数据库维护状态信息，其原因分别是：安全性、个性化、一致性、数据挖掘。

①支持 Cookie 的数据库网站的常见功能。

a. 安全性：访问者将帐户名称和密码键入到站点登录页中。站点结构通过登录值查询数据库以确定该用户是否有权使用您的站点。如果数据库确认该用户信息有效，网站将把包含该用户的唯一 ID 的有效 Cookie 分发到客户端计算机上，站点授予该用户访问权限。

b. 个性化：通过站点中存储的安全性信息，您的站点能够借助读取客户端计算机上的 Cookie 来区分站点上的每一用户。通常，站点在数据库中具有信息，描述用户的首选项（由唯一 ID 标识），此关系通称作个性化。站点可以使用在 Cookie 中包含的唯一 ID 获知用户的首选项，然后向用户提供与用户的特定愿望相关并在一段时间内对用户首选项作出反应的内容和信息。

c. 一致性：如果您已创建了一个商业网站，您可能想要在站点上保留所购买的物品和服务的交易记录。这些信息能够可靠地保存在您的数据库中并通过用户的唯一 ID 来引用。它可用于确定购买交易是否完成，还可确定如果购买交易失败所应采取的操作步骤。这些信息还可用于通知用户使用您的站点所下的订单的状态。

　　d. 数据挖掘：有关站点使用、访问者或产品交易的信息能够可靠地存储在数据库中。例如，业务发展部门可能希望使用从该站点收集的这些数据确定下一年的产品线或分销策略，市场营销部门可能希望查看有关您的站点的用户的人口统计信息，设计和支持部门可能希望查看交易并记下购买过程可以改进的区域。诸如 Microsoft SQL Server 之类的大多数企业级关系数据库提供了可适用于大多数数据挖掘项目的可扩展工具集。

　　在上述方案中通过将网站设计为在每一一般性阶段使用唯一 ID 重复查询该数据库，该站点对状态进行维护。在此方法中，用户感受到站点正记住和响应其本人。

　　②数据库维护状态的优点

　　a. 安全性：访问数据库需要严格的身份验证和授权。

　　b. 存储容量：可以根据需要在数据库中存储尽可能多的信息。

　　c. 数据持久性：可以根据需要在尽可能长的时间内存储数据库信息，这些信息不受 Web 服务器可用性的影响。

　　d. 可靠性和数据完整性：数据库包括多种用于维护有效数据的功能，其中包括触发器和引用完整性、事务等。通过在数据库中（而不是在会话状态等对象中）保存有关事务的信息，可以更为方便地从错误恢复。

　　e. 可访问性：存储在数据库中的数据可供众多的信息处理工具访问。

　　f. 广泛的支持：有大量数据库工具可供使用，并且有许多自定义配置可供使用。

　　③数据库维护状态的缺点

　　a. 复杂性：使用数据库支持状态管理需要更复杂的硬件和软件配置。

　　b. 性能注意事项：不佳的关系数据模型结构可能导致可伸缩性问题。此外，对数据库执行过多的查询可能会影响服务器性能。

 资料 4-2

服务器端方法状态管理摘要

表 4-2 列出了 ASP.NET 可用的服务器端状态管理选项，并提供了有关何时使用每种选项的建议。

表 4-2　　服务器端方法状态管理摘要

状态管理选项	使用建议
应用程序状态	可在以下情况下使用：存储由多个用户使用且更改不频繁的全局信息，而且不存在安全性问题。不要在应用程序状态中存储大量的信息。
会话状态	可在以下情况下使用：存储特定于单独会话的短期信息，并且需要较高的安全性。不要在会话状态中存储大量的信息。需要注意，将为应用程序中每一会话的生存期创建并维护会话状态对象。在支持许多用户的应用程序中，这可能会占用大量服务器资源并影响可缩放性。
配置文件属性	可在以下情况下使用：存储需要在用户会话过期后保留、并在对应用程序的后续访问中需要再次检索的特定于用户的信息。
数据库支持	可在以下情况下使用：存储大量信息，管理交易，或者信息必须可以经受得住应用程序和会话重新启动。数据挖掘十分重要，并且需要较高的安全性。

4.1.2 知识 2: 应用程序变量和会话变量

1. 应用程序对象（Application）

应用程序状态让所有的成员共享其包含的所有信息，并且可以在网站运行期间持久保存数据。它存储在服务器的内存中，因此与在数据库中存储和检索信息相比，它的执行速度更快。与特定于单个用户会话的会话状态不同，应用程序状态应用于所有的用户和会话。因此，应用程序状态用于存储那些数量较少、不随用户的变化而变化的常用数据。

应用程序状态存储于 HttpApplicationState 类中，用户首次访问应用程序中的 URL 资源时将创建该类的新实例。HttpApplicationState 类通过 Application 属性公开。

（1）Application 对象的基本属性，如表 4-3 所示。

表 4-3　Application 对象的基本属性

属性名称	说明
AllKeys	获取 HttpApplicationState 集合中的访问键
Contents	获取对 HttpApplicationState 对象的引用
Count	获取 HttpApplicationState 集合中的对象数
Item	获取对 HttpApplicationState 集合中的对象的访问
Keys	获取 NameObjectCollectionBase.KeysCollection 实例，该实例包含 NameObjectCollectionBase 实例中的所有键
StaticObjects	获取由 <object> 标记声明的所有对象，其中范围设置为 ASP.NET 应用程序中的 "Application"

（2）Application 对象的方法，如表 4-4 所示。

表 4-4　Application 对象的方法

方法名称	说明
Add	将新的对象添加到 HttpApplicationState 集合中
Clear	从 HttpApplicationState 集合中移除所有对象
Equals	确定两个 Object 实例是否相等（从 Object 继承）
Get	通过名称或索引获取 HttpApplicationState 对象
GetKey	通过索引获取 HttpApplicationState 对象名
Lock	锁定对 HttpApplicationState 变量的访问以促进访问同步
Remove	从 HttpApplicationState 集合中移除命名对象
RemoveAll	从 HttpApplicationState 集合中移除所有对象
RemoveAt	按索引从集合中移除一个 HttpApplicationState 对象
Set	更新 HttpApplicationState 集合中的对象值
ToString	返回表示当前 Object 的 String（从 Object 继承）
UnLock	取消锁定对 HttpApplicationState 变量的访问以促进访问同步

（3）Application 对象的事件

Application 对象的事件只能在 Global.asax 文件中定义，Global.asax 文件必须存放在 Web 主目录中（默认为 C:\Inetpub\wwwroot），当浏览器与 Web 服务器连接时，会先检查 Web 主目录中有没有 Global.asax 文件，如果有，就先执行该文件。Application 对象有如表 4-5 所示的两个事件。

表 4-5   Application 对象的事件

事件名称	功能说明
OnStart	当第一个用户读取网页时，会触发次事件，此事件只会触发一次，在第一次触发之后，除非服务器关机或重新启动，否则，即使又有其他人读取网页，也不会触发此事件，此事件通常使用 Add（ ）方法添加 Application 对象的变量
OnEnd	当 Web 服务器关机或重新启动时会触发此事件，此事件通常用来消除 Application 对象记录的变量

- 如何在 Application 中添加和删除值？

下面的代码示例演示如何将应用程序变量 Message 设置为一个字符串。

Application["Message"] = "Welcome to the Contoso site.";

可以用 Remove 方法从 Application 对象中删除一个值，例如：

Application.Remove["Message"];

也可以在应用程序启动时将值写入应用程序状态，在应用程序 Global.asax 文件的 Application_Start 处理程序中，设置应用程序状态变量的值。下面的代码示例演示如何将应用程序变量 Message 设置为一个字符串，并将变量 PageRequestCount 初始化为 0。

```
void Application_Start ( object sender , EventArgs e )
{
    // 在应用程序启动时运行的代码
    Application [ "Message" ] = "Welcome to the Contoso site.";
    Application [ "PageRequestCount" ] = 0;
}
```

- Application 对象的锁定和解锁

因为 Application 对象是一个"全局变量"，所以所有用户都有可能对其进行修改。为了实现应用程序状态的同步，Application 对象提供了 Lock 和 Unlock 方法来解决同步问题。Lock 方法用于锁定 Application 对象，保证此对象只由当前线程访问和修改。Unlock 方法用于解除 Application 对象的锁定状态，使得下一个线程可以访问并修改其状态。

下面的代码示例演示如何锁定和取消锁定应用程序状态。该代码将 PageRequestCount 变量值增加 1，然后取消锁定应用程序状态。

```
Application.Lock();
Application["PageRequestCount"]=((int)Application["PageRequestCount"])+1;
Application.UnLock();
```

2. 会话对象（Session）

使用 Session 对象可以存储特定的用户会话所需的信息，对应 HTTPSessionState 类。当用户在应用程序的页面之间跳转时，存储在 Session 对象中的变量不会被清除，而是在整个用户会话中一直存在下去。

（1）会话标识符

会话由一个可以使用 SessionID 属性读取的唯一会话标识符标识。为 ASP.NET 应用程序启用会话状态时，将检查应用程序中每个页面请求是否有浏览器发送的 SessionID 值。如果未提供任何 SessionID 值，则 ASP.NET 启动一个新会话，然后将该会话的 SessionID 随响应一起发送到浏览器。

默认情况下，SessionID 值存储在 cookie 中，但也可以配置应用程序，将 SessionID 值存储在 URL 中，以实现一个"无 cookie"的会话。

只要一直使用相同的 SessionID 值来发送请求，会话就被视为活动的。如果特定会话的请求发送间隔超过指定的超时值（以分钟为单位），则该会话被视为已过期。使用过期的 SessionID 值来发送请求将导致启动一个新会话。

（2）会话事件

ASP.NET 提供两个有助于管理用户会话的事件：Session_OnStart 事件（在开始一个新会话时引发）和 Session_OnEnd 事件（在会话被放弃或过期时引发）。会话事件是在 ASP.NET 应用程序的 Global.asax 文件中指定的。

（3）会话模式

ASP.NET 会话状态支持会话变量的若干不同的存储选项。每个选项都被标识为一个会话状态 Mode。默认行为是将会话变量存储在 ASP.NET 辅助进程的内存空间中。但是，也可以指定将会话状态存储在单独进程、SQL Server 数据库或自定义数据源中。如果不希望为应用程序启用会话状态，可以将会话模式设置为"Off"。

（4）配置会话状态

使用 system.web 配置节的 sessionState 元素来配置会话状态，还可以使用 EnableSessionState 页指令来配置会话状态。

使用 sessionState 元素可以指定会话存储数据的模式、在客户端和服务器间发送会话标识符值的方式、会话 Timeout 值和基于会话 Mode 的支持值。例如，下面的 sessionState 元素将应用程序配置为 SQLServer 会话模式，Timeout 为 30 分钟，并指定将会话标识符存储在 URL 中。

```
<sessionState mode="SQLServer"
cookieless="true "
regenerateExpiredSessionId="true "
timeout="30"
sqlConnectionString="Data Source=MySqlServer;Integrated Security=SSPI;"
stateNetworkTimeout="30"/>
```

可以通过将会话状态模式设置为 Off 来禁用应用程序的会话状态。如果只希望禁用应用程序的某个特定页的会话状态，则可以将 EnableSessionState 页指令设置为 false。注意，还可将 EnableSessionState 页指令设置为 ReadOnly 以提供对会话变量的只读访问。

Session 对象的常用属性见表 4-6。Session 对象的常用方法见表 4-7。

表 4-6   Session 对象的常用属性

属性名称	说明
CodePage	获取或设置当前会话的字符集标识符
Contents	获取对 HttpApplicationState 对象的引用
CookieMode	获取一个值，该值指示是否为无 Cookie 会话配置应用程序
Count	获取会话状态集合中的项数
IsCookieless	获取一个值，该值指示会话 ID 是嵌入在 URL 中还是存储在 HTTP Cookie 中
IsNewSession	获取一个值，该值指示会话是否是与当前请求一起创建的
IsReadOnly	获取一个值，该值指示会话是否为只读
Item	获取或设置个别会话值
Keys	获取存储在会话状态集合中所有值的键的集合
Mode	获取当前会话状态模式
SessionID	获取会话的唯一标识符
StaticObjects	获取由 ASP.NET 应用程序文件 Global.asax 中的 <object Runat="Server" Scope="Session"/> 标记声明的对象的集合
Timeout	获取并设置在会话状态提供程序终止会话之前各请求之间所允许的时间（以分钟为单位）

表 4-7   Session 对象的常用方法

方法名称	说明
Abandon	取消当前会话
Add	向会话状态集合添加一个新项
Clear	从会话状态集合中移除所有的键和值
Equals	已重载。确定两个 Object 实例是否相等（从 Object 继承）
Remove	删除会话状态集合中的项
RemoveAll	从会话状态集合中移除所有的键和值
RemoveAt	删除会话状态集合中指定索引处的项
ToString	返回表示当前 Object 的 String（从 Object 继承）

● 如何在 Session 中添加和删除项？

会话变量集合按变量名称或整数索引来进行索引，仅需通过名称引用会话变量即可创建会话变量，无需声明会话变量或将会话变量显式添加到集合中。

例如，下面的代码示例创建分别表示用户的名字和姓氏的会话变量，并将它们设置为从 TextBox 控件检索到的值。

Session["FirstName"] = FirstNameTextBox.Text;
Session["LastName"] = LastNameTextBox.Text;

默认情况下，会话变量可以为任何有效的 .NET 类型。

● 如何读取会话状态中的值？

下面的示例访问 Item 属性来检索会话状态中的值。

string firstName = (string)(Session["First"]);
string lastName = (string)(Session["Last"]);
string city = (string)(Session["City"]);

如果尝试从不存在的会话状态中获取值，则不会引发任何异常。若要确保所需的值在会话状态中，请首先使用测试（例如以下测试）检查该对象是否存在。

if (Session["City"] == null)
// No such value in session state; take appropriate action.

4.1.3　任务：使用 Application 变量记录学生信息管理系统的在线人数

1. 任务说明

此任务要求准确记录学生信息管理系统的当前在线人数。正确完成此任务需要我们首先了解应用程序相关事件及被触发时间，相关内容见表 4-8。

表 4-8　应用程序相关事件及被触发时间

事件名称	触发时间
Application_Start	应用程序启动时
Session_Start	会话启动时
Application_BeginRequest	每个请求开始时
Application_Error	发生错误时
Session_End	会话结束时
Application_End	应用程序结束时

2. 解决步骤

（1）新建 Task4 文件夹，然后在 Visual Studio 2010 中打开（或新建）项目 StudentMIS，单击【文件】→【新建】→【文件】，在出现的添加新项的对话框中，选择【全局应用程序类】，最后点击【添加】。完成添加新项，如图 4-1。

图 4-1　添加全局应用程序类文件

（2）在新建的全局应用程序类文件中，找到 Application_Start、Session_Start 和 Session_End 事件，并在相应的位置添加实现统计在线人数的代码。

① Application_Start 事件中的代码：在 Web 应用启动时，初始化计数器为 0。

```
void Application_Start(object sender, EventArgs e)
 {
   // 在应用程序启动时运行的代码
   Application.Lock();
   Application["counter"]=0;
   Application.UnLock();
 }
```

② Session_Start 事件中的代码：当用户访问 Web 应用（建立会话）时，将在线的人数增加 1。

```
void Session_Start(object sender, EventArgs e)
 {
   // 在新会话启动时运行的代码
   Application.Lock();
   int currentCount = Convert.ToInt16(Application["counter"].
ToString());
   Application["counter"] = currentCount+1;
   Application.UnLock();
 }
```

③ Session_End 事件中的代码：当用户的会话结束（退出系统或会话超时）时，将当前的在线人数减 1。

```
void Session_End(object sender, EventArgs e)
 {
   // 在会话结束时运行的代码。
   // 注意：只有在 Web.config 文件中的 sessionstate 模式设置为
   // InProc 时，才会引发 Session_End 事件。如果会话模式设置为
tateServer
   // 或 SQLServer，则不会引发该事件。
   Application.Lock();
   int currentCount = Convert.ToInt16(Application["counter"].
ToString());
   Application["counter"] = currentCount - 1;
   Application.UnLock();
 }
```

（3）在 StudentMIS 网站中，单击鼠标右键，然后选择【添加新项】，在出现的添加新项对话框中选择【Web 窗体】，并将文件命名为"Counter.aspx"。

（4）在 Counter.aspx 的设计视图中，向页面添加一个 Label 控件，命名为"LabOnline"。

（5）在窗体上双击鼠标左键，进入代码文件 Counter.aspx.cs，在 page_load 方法

中添加如下代码。

> *LabOnline.Text = "系统的在线人数是："+ Application["counter"].ToString();*

（6）在文件 Counter.aspx 上单击鼠标右键，选择【设为起始页】。

（7）最后，按 Ctrl+F5 运行程序。运行结果如图 4-2。

图 4-2　学生信息管理系统在线人数运行结果

（8）如果再打开一个浏览器，运行相同的网址，则显示当前在线人数如图 4-3 所示。

图 4-3　多人在线运行结果

4.1.4　实训：实现办公自动化系统中的远程会议功能

实训要求：

利用应用程序变量的"全局变量"特性，实现办公自动化系统中远程会议功能，用应用程序变量记录当前在线的人数和人员，并应使每个用户均可发言（注意：会议中用户发言的内容如不保存至数据库，则应注意及时清理历史记录）。

4.2　学会使用 Session 存储信息

4.2.1　任务：使用 Session 变量记录用户访问学生信息管理系统的次数

1. 任务要求

记录用户在一个会话时间内请求访问学生信息管理系统的次数。

2. 解决步骤

在页面的 Page_Load 事件中，对用户访问系统的次数进行计数。

（1）在 StudentMIS 网站中，单击鼠标右键，然后选择【添加新项】，在出现的添加新项对话框中选择【Web 窗体】，并将文件命名为"AccessCounter.aspx"。

（2）在 AccessCounter.aspx 的设计视图中，向页面添加一个 Label 控件，命名为"LabAccessCount"。

（3）在窗体上双击鼠标左键，进入代码文件 AccessCounter.aspx.cs，在 page_load 方法中添加如下代码。

```csharp
protected void Page_Load(object sender, EventArgs e)
{
    if (Session["AccessCounter"] == null)
    {
        Session["AccessCounter"] = 1;
    }
    else
    {
        Session["AccessCounter"] = (int)Session["AccessCounter"] + 1;
    }
    LabAccessCount.Text = " 这是您第 " + Application["counter"].ToString()+" 次访问系统！ ";
}
```

（4）在文件 AccessCounter.aspx 上单击鼠标右键，选择【设为起始页】。

（5）最后，按 Ctrl+F5 运行程序，运行结果如图 4-4。

图 4-4   记录单个会话访问系统次数的运行结果图

4.2.2   实训：完善办公自动化系统中的远程会议功能

实训要求：

利用会话变量的特性，在办公自动化系统的远程会议功能中将用户的基本信息保存在会话变量中，显示当前发言的用户名称及发言的条目数。

4.3　学会使用 Cookies 存储信息

4.3.1　知识：Cookies

1. 什么是 Cookie？

Cookie 是一小段文本信息，伴随着用户请求和页面在 Web 服务器和浏览器之间传递。Cookie 包含每次用户访问站点时 Web 应用程序都可以读取的信息。

例如，如果在用户请求站点中的页面时应用程序发送给该用户的不仅仅是一个页面，还有一个包含日期和时间的 Cookie，用户的浏览器在获得页面的同时还获得了该 Cookie，并将它存储在用户硬盘上的某个文件夹中。以后，如果该用户再次请求您的站点中的页面，当该用户输入 URL 时，浏览器便会在本地硬盘上查找与该 URL 关联的 Cookie。如果该 Cookie 存在，浏览器便将该 Cookie 与页请求一起发送到您的站点。然后，应用程序便可以确定该用户上次访问站点的日期和时间。您可以使用这些信息向用户显示一条消息，也可以检查到期日期。

Cookie 与网站关联，而不是与特定的页面关联。因此，无论用户请求站点中的哪一个页面，浏览器和服务器都将交换 Cookie 信息。用户访问不同站点时，各个站点都可能会向用户的浏览器发送一个 Cookie；浏览器会分别存储所有 Cookie。

Cookie 帮助网站存储有关访问者的信息。一般来说，Cookie 是一种保持 Web 应用程序连续性（即执行状态管理）的方法。除短暂的实际交换信息的时间外，浏览器和 Web 服务器间都是断开连接的。对于用户向 Web 服务器发出的每个请求，Web 服务器都会单独处理。但是在很多情况下，Web 服务器在用户请求页时识别出用户会十分有用。例如，购物站点上的 Web 服务器跟踪每位购物者，这样站点就可以管理购物车和其他的用户特定信息。因此，Cookie 可以作为一种名片，提供相关的标识信息帮助应用程序确定如何继续执行。

使用 Cookie 能够达到多种目的，所有这些目的都是为了帮助网站记住用户。例如，一个实施民意测验的站点可以简单地将 Cookie 作为一个 Boolean 值，用它来指示用户的浏览器是否已参与了投票，这样用户便无法进行第二次投票。要求用户登录的站点则可以通过 Cookie 来记录用户已经登录，这样用户就不必每次都输入凭据。

2. 使用 Cookie 有哪些限制？

大多数浏览器支持最大为 4096 字节的 Cookie。由于这限制了 Cookie 的大小，最好用 Cookie 来存储少量数据，或者存储用户 ID 之类的标识符。用户 ID 随后便可用于标识用户，以及从数据库或其他数据源中读取用户信息。

浏览器还限制站点可以在用户计算机上存储的 Cookie 的数量。大多数浏览器只允许每个站点存储 20 个 Cookie；如果试图存储更多 Cookie，则最旧的 Cookie 便会被丢弃。有些浏览器还会对它们将接受的来自所有站点的 Cookie 总数作出绝对限制，通常为 300 个。

　　另外，还可能遇到的 Cookie 限制是用户可以将其浏览器设置为拒绝接受 Cookie。如果定义一个 P3P 隐私策略，并将其放置在网站的根目录中，则更多的浏览器将接受您站点的 Cookie。但是，您可能会不得不完全放弃 Cookie，而通过其他机制来存储用户特定的信息。

3. 如何编写 Cookie？

　　浏览器负责管理用户系统上的 Cookie，Cookie 通过 HttpResponse 对象发送到浏览器，该对象公开称为 Cookies 的集合。可以将 HttpResponse 对象作为 Page 类的 Response 属性来访问。要发送给浏览器的所有 Cookie 都必须添加到此集合中。创建 Cookie 时，需要指定 Name 和 Value。每个 Cookie 必须有一个唯一的名称，以便以后从浏览器读取 Cookie 时可以识别它。由于 Cookie 按名称存储，因此用相同的名称命名两个 Cookie 会导致其中一个 Cookie 被覆盖。同时，还应设置 Cookie 的到期日期和时间。用户访问编写 Cookie 的站点时，浏览器将删除过期的 Cookie。只要应用程序认为 Cookie 值有效，就应将 Cookie 的有效期设置为这一段时间。对于希望永不过期的 Cookie，可将到期日期设置为从现在起 50 年。

　　注意：用户随时可能清除其计算机上的 Cookie。即便存储的 Cookie 距到期日期还有很长时间，但用户还是可以决定删除所有 Cookie，清除 Cookie 中存储的所有设置。如果没有设置 Cookie 的有效期，仍会创建 Cookie，但不会将其存储在用户的硬盘上，而会将 Cookie 作为用户会话信息的一部分进行维护。当用户关闭浏览器时，Cookie 便会被丢弃。这种非永久性 Cookie 很适合用来保存只需短时间存储的信息，或者保存由于安全原因不应该写入客户端计算机上的磁盘的信息。例如，如果用户在使用一台公用计算机，而您不希望将 Cookie 写入该计算机的磁盘中，这时就可以使用非永久性 Cookie。

　　有两种方法可以向用户计算机写 Cookie。可以直接为 Cookies 集合设置 Cookie 属性，也可以创建 HttpCookie 对象的一个实例并将该实例添加到 Cookies 集合中。

　　（1）通过为 Cookies 集合设置 Cookie 属性编写 Cookie。

　　在要编写 Cookie 的 ASP.NET 页中，在 Cookies 集合中给 Cookie 赋予属性。

　　下面的代码示例演示一个名为 UserSettings 的 Cookie，并设置其 Font 和 Color 子项的值，并将过期时间设置为明天。

```
Response.Cookies["UserSettings"]["Font"] = "Arial";
Response.Cookies["UserSettings"]["Color"] = "Blue";
Response.Cookies["UserSettings"].Expires = DateTime.Now.AddDays(1d);
```

　　（2）通过创建 HttpCookie 对象的实例编写 Cookie。

　　① 创建 HttpCookie 类型的对象并为它分配名称。

　　② 为 Cookie 的子项赋值并设置所有 Cookie 属性。

　　③ 将该 Cookie 添加到 Cookies 集合中。

　　下面的代码示例演示一个名为 myCookie 的 HttpCookie 对象的实例，该实例表示一个名为 UserSettings 的 Cookie。

```
HttpCookie myCookie = new HttpCookie("UserSettings");
myCookie["Font"] = "Arial";
myCookie["Color"] = "Blue";
```

```
myCookie.Expires = DateTime.Now.AddDays(1d);
Response.Cookies.Add(myCookie);
```

4. 如何读取 Cookie？

使用 Cookie 名作为键从 Cookies 集合中读取字符串。

下面的示例读取名为 UserSettings 的 Cookie，然后读取名为 Font 的子键的值。

```
if (Request.Cookies["UserSettings"] != null)
{
    string userSettings;
    if (Request.Cookies["UserSettings"]["Font"] != null)
    { userSettings = Request.Cookies["UserSettings"]["Font"]; }
}
```

5. 如何删除 Cookie？

不能直接删除用户计算机中的 Cookie。但是，可以通过将 Cookie 的到期日期设置为过去的日期，让用户的浏览器来删除 Cookie。当用户下一次向设置该 Cookie 的域或路径内的页发出请求时，浏览器将确定该 Cookie 已到期并将其移除。

向 Cookie 分配已过去的到期日期的主要步骤如下。

①确定 Cookie 是否存在，如果存在则创建同名的新 Cookie。

②将 Cookie 的到期日期设置为过去的某一时间。

③将 Cookie 添加到 Cookies 集合对象。

下面的代码示例演示如何为 Cookie 设置已过去的到期日期。

```
if (Request.Cookies["UserSettings"] != null)
{
    HttpCookie myCookie = new HttpCookie("UserSettings");
    myCookie.Expires = DateTime.Now.AddDays(-1d);
    Response.Cookies.Add(myCookie);
}
```

4.3.2　任务：使用 Cookies 存储用户名和用户 ID 的信息

1. 任务要求

创建学生信息管理系统网站的登录页面，用户输入用户名和密码，如果输入正确，则成功登录，并用 Cookie 的方式把用户名和用户 ID 信息保存在客户端。如果输入错误，则要求重新输入。

2. 解决步骤

（1）在 StudentMIS 网站中，单击鼠标右键，然后选择【添加新项】，在出现的添加新项对话框中选择【Web 窗体】，并将文件命名为"Login.aspx"。

（2）在 Login.aspx 的设计视图中，向页面添加一个 Label 控件，命名为"LabTitle"，并将 Text 属性设置为"学生信息管理系统"。

（3）向页面中添加另外的两个 label 控件并将其名称分别命名为 LabUserName 和 LabPassword，并设置其相应其他属性。

（4）向页面中添加另外的两个 TextBox 控件并将其名称分别命名为 TbUserName 和 TbPassword，并设置其相应其他属性。

（5）分别为两个 TextBox 控件添加用于验证非空的控件 RequiredFieldValidator，分别为 RequiredUserName 和 RequiredPassword。

（6）最后添加用户提交和取消的按钮控件 BtuReset 和 BtuSubmit。

（7）图 4-5 为参考界面。

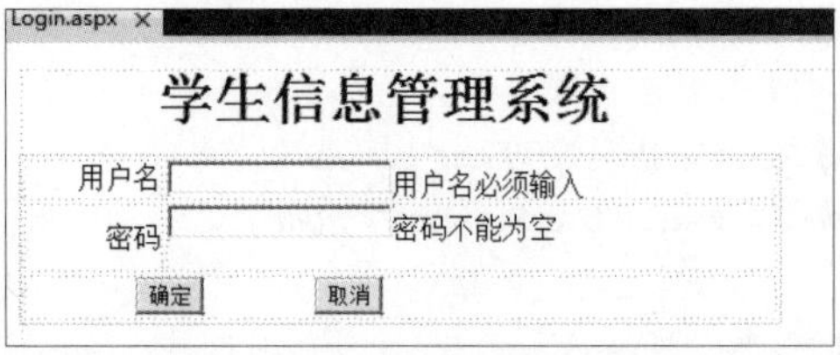

图 4-5   使用 Cookies 存储用户名和用户 ID 的界面

（8）在确定按钮中用于编写 Cookies 的代码如下。

```
protected void ButSubmit_Click(object sender, EventArgs e)
{
    String userName = TbUserName.Text;
    String PWD = TbPassword.Text;
    // 此处假设正确的用户名和密码分别为 admin 和 password
    // 用户 admin 的用户 ID 为 001
    if(userName=="admin" && PWD=="password")
    {
        Response.Cookies["UserInfo"]["userName"] = "admin";
        Response.Cookies["UserInfo"]["UID"] = "001";
        Response.Cookies["UserInfo"].Expires = DateTime.Now.AddDays(1d);
    }
}
```

4.3.3   实训：实现办公自动化系统中的自动考勤功能

实训要求：

利用 Cookie 对象的特性，保存用户登录的基本信息，当用户在一定时间内访问系统时，自动完成登陆过程。根据系统的时间，给用户相应的提示信息，保存用户上班、下班时间，从而实现办公自动化系统的自动考勤功能。

4.3.4   拓展 1：Response 对象和 Request 对象

1.Response 对象

Response 对象提供向浏览器写入处理信息或者发送指令等功能，并对响应的结果进行管理，其对应 HttpResponse 类。Response 对象常用的属性见表 4-9。Response 对象的常用方法见表 4-10。

表 4-9　　Response 对象常用的属性

名称	说明
Buffer	获取或设置一个值，该值指示是否缓冲输出并在处理完整个响应之后发送它
BufferOutput	获取或设置一个值，该值指示是否缓冲输出并在处理完整个页之后发送它
Cache	获取网页的缓存策略（例如：过期时间、保密性设置和变化条款）
CacheControl	获取或设置与 HttpCacheability 枚举值之一匹配的 CacheControl HTTP 标头
Charset	获取或设置输出流的 HTTP 字符集
ContentEncoding	获取或设置输出流的 HTTP 字符集
ContentType	获取或设置输出流的 HTTP MIME 类型
Cookies	获取响应 Cookie 集合
Expires	获取或设置在浏览器上缓存的页过期之前的分钟数。如果用户在页面过期之前返回同一页，则显示缓存的版本。提供 Expires 是为了与 ASP 的先前版本保持兼容
Headers	获取响应标头的集合
IsClientConnected	获取一个值，通过该值指示客户端是否仍连接在服务器上
Output	启用到输出 HTTP 响应流的文本输出
RedirectLocation	获取或设置 Http Location 标头的值
Status	设置返回到客户端的 Status 栏
StatusCode	获取或设置返回给客户端的输出的 HTTP 状态代码
SubStatusCode	获取或设置一个限定响应的状态代码的值

表 4-10　　Response 对象的常用方法

名称	说明
BinaryWrite	将一个二进制字符串写入 HTTP 输出流
Clear	清除缓冲区流中的所有内容输出
ClearContent	清除缓冲区流中的所有内容输出
ClearHeaders	清除缓冲区流中的所有头
Close	关闭到客户端的套接字连接
End	将当前所有缓冲的输出发送到客户端，停止该页的执行，并引发 EndRequest 事件
Finalize	允许 Object 在"垃圾回收"回收 Object 之前尝试释放资源并执行其他清理操作（继承自 Object）
Flush	向客户端发送当前所有缓冲的输出
Redirect	已重载。将客户端重定向到新的 URL
SetCookie	基础结构。更新 Cookie 集合中的一个现有 Cookie
ToString	返回表示当前 Object 的 String（继承自 Object）
TransmitFile	将指定的文件直接写入 HTTP 响应输出流，而不在内存中缓冲该文件
Write	将信息写入 HTTP 响应输出流
WriteFile	将指定的文件直接写入 HTTP 响应输出流

（1）输出文本

下面通过使用 Response 对象 Write 方法完成输出文本这一功能，例如在页面上显示一段语句。

Response.write(" 欢迎光临学生信息管理系统 !")

可以将该语句放在页面的方法中使用，示例代码如下。

```
protected void Page_Load(object sender, EventArgs e)
{
        Response.Write(" 欢迎光临学生信息管理系统！ ");
}
```

输出结果如图 4-6。

图 4-6　用 Response 对象的 Write 方法输出文本

（2）重定向

使用 Response 对象的 Redirect 方法可以实现在不同页面之间进行跳转的功能，也就是可以从一个网页地址重定向到另一个网页地址，如 "Login.aspx"，也可以是 URL 地址，如 "http://www.sina.com.cn"。

下面是一个按钮控件的代码，当用户点击按钮时，系统就会将页面重定向到新浪网。

```
protected void Button1_Click(object sender, EventArgs e)
{
        Response.Redirect("http://www.sina.com.cn");
}
```

（3）将指定的文件写入 HTTP 响应输出流

利用 WriteFile 方法可以将一个已经存在的文件内容写入到 HTML 文档中。

首先，在项目中新建一个文本文件 Text.txt，内容为 "This is a test！"。

然后，在项目中新建一个 Web 窗体文件，文件名为 WriteFile.aspx，在设计视图情况下，双击设计视图，进入代码文件 WriteFile.aspx.cs 文件编辑状态，输入以下代码。

```
protected void Page_Load(object sender, EventArgs e)
{
        Response.WriteFile("Text.txt");
}
```

以 HTTP 方式访问 WriteFile.aspx 文件，运行结果如图 4-7 所示。

图 4-7　用 WriteFile 方法输出文件

2.Request 对象

Request 对象提供从浏览器读取信息或者读取客户端信息等功能，可以访问 HTML 基于表单的数据和通过 URL 发送的参数列表信息，而且还可以接收来自用户的 Cookie 信息。在 ASP.NET 中对应 HttpRequest 类。Request 对象的常用属性见表 4-11。Request 对象的常用方法见表 4-12。

表 4-11　Request 对象的常用属性

名称	说明
ApplicationPath	获取服务器上 ASP.NET 应用程序的虚拟应用程序根路径
Browser	获取或设置有关正在请求的客户端的浏览器功能的信息
ContentLength	指定客户端发送的内容长度（以字节计）
ContentType	获取或设置传入请求的 MIME 内容类型
ContentType	获取客户端发送的 Cookie 的集合
CurrentExecutionFilePath	获取当前请求的虚拟路径
FilePath	获取当前请求的虚拟路径
Form	获取窗体变量集合
Headers	获取 HTTP 头集合
HttpMethod	获取客户端使用的 HTTP 数据传输方法（如 GET、POST 或 HEAD）
InputStream	获取传入的 HTTP 实体主体的内容
IsAuthenticated	获取一个值，该值指示是否验证了请求
IsSecureConnection	获取一个值，该值指示HTTP 连接是否使用安全套接字（即 HTTPS）
Item	从 Cookies、Form、QueryString 或 ServerVariables 集合中获取指定的对象
Params	获取 QueryString、Form、ServerVariables 和 Cookies 项的组合集合
Path	获取当前请求的虚拟路径
PathInfo	获取具有 URL 扩展名的资源附加路径信息
PhysicalApplicationPath	获取当前正在执行的服务器应用程序的根目录的物理文件系统路径
PhysicalPath	获取与请求的 URL 相对应的物理文件系统路径
QueryString	获取 HTTP 查询字符串变量集合
RequestType	获取或设置客户端使用的 HTTP 数据传输方法（GET 或 POST）
ServerVariables	获取 Web 服务器变量的集合
Url	获取有关当前请求的 URL 的信息
UserHostAddress	获取远程客户端的 IP 主机地址
UserHostName	获取远程客户端的 DNS 名称

表 4-12　Request 对象的常用方法

名称	说明
BinaryRead	执行对当前输入流进行指定字节数的二进制读取
Equals	确定指定的 Object 是否等于当前的 Object（继承自 Object）
Finalize	允许 Object 在"垃圾回收"回收 Object 之前尝试释放资源并执行其他清理操作（继承自 Object）

（接上页）表 4-12   Request 对象的常用方法

名称	说明
GetHashCode	用作特定类型的哈希函数（继承自 Object）
GetType	获取当前实例的 Type（继承自 Object）
MapImageCoordinates	将传入图像字段窗体参数映射为适当的 x 坐标值和 y 坐标值
MapPath	为当前请求将请求的 URL 中的虚拟路径映射到服务器上的物理路径
MemberwiseClone	创建当前 Object 的浅表副本（继承自 Object）
SaveAs	将 HTTP 请求保存到磁盘
ToString	返回表示当前 Object 的 String（继承自 Object）
ValidateInput	对通过 Cookies、Form 和 QueryString 属性访问的集合进行验证

（1）获取客户端提交的数据

Request 对象有三种获取常用的数据的方法，即 Request.Form、Request.QueryString、Request。第三种是前两种的一个缩写，可以取代前两种情况。而前两种主要对应 Form 提交时的两种不同方法，分别是 Post 方法和 Get 方法。也就是说，Request.Form 用于获取客户端使用 Post 方法提交的值，Request.QueryString 用于获取客户端使用 Get 方法提交的值，Request 则可以用来获取任意一种方法提交的值。

例如，我们首先建立一个学生注册登记页面 Reg.aspx，代码如下。

```
<form id="form1" action="display.aspx" runat="server" >
    <asp:Label ID="LabUserName" runat="server" Text=" 姓名： "></asp:Label>
    <asp:TextBox ID="userName" runat="server"></asp:TextBox>
    <br />
    <br />
    <asp:Label ID="LabCode" runat="server" Text=" 学号： "></asp:Label>
    <asp:TextBox ID="code" runat="server" ></asp:TextBox>
    <br />
    <br />
    <asp:Button ID="ButReset" runat="server" Text=" 确定 " />
    <asp:Button ID="ButSubmit" runat="server" Text=" 取消 " />
</form>
```

Reg.aspx.cs 代码如下。输出结果如图 4-8。

```
protected void Button2_Click(object sender, EventArgs e)
{
    Response.Redirect("display.aspx?userName=" + userName.Text + "&code=" + code.Text);// 重定向
到 display.aspx 页面，并附带两个名值对
}
```

图 4-8   学生注册登记

然后用 Request 获取当前输入的数据，代码如下（程序名：display.aspx）。输出结果如图 4-9。

```
protected void Page_Load(object sender, EventArgs e)
{
    string userName = Request["userName"];
    string code = Request["code"];
    Response.Write(" 姓名： "+userName+"<br>");
    Response.Write(" 学号： "+code);
}
```

图 4-9　用 Request 获取客户端的输入数据并输出

（2）获取地址、路径、文件名等客户端信息与服务器端环境变量

然后，在项目中新建一个 Web 窗体文件，文件名为"info.aspx"，在设计视图情况下，双击设计视图，进入代码文件 info.aspx.cs 文件编辑状态，输入以下代码。

```
protected void Page_Load(object sender, EventArgs e)
    {
        Response.Write(" 获取客户端信息 <hr>");
        Response.Write(" 客户端 IP 地址： ");
        Response.Write(Request.UserHostAddress);
        Response.Write("<Br>");
        Response.Write(" 当前应用程序根目录的实际路径： ");
        Response.Write(Request.PhysicalApplicationPath);
        Response.Write("<Br>");
        Response.Write(" 当前页面所在的虚拟目录及文件名称： ");
        Response.Write(Request.CurrentExecutionFilePath);
        Response.Write("<Br> 当前页面所在的实际目录及文件名称： ");
        Request.Write(Request.PhysicalPath);
        Response.Write("<Br>");
        Response.Write(" 当前页面的 URL");
        Response.Write(Request.Url);
        Response.Write("<br><br><hr>");
        Response.Write(" 获取服务器端环境变量 <hr>");
        Response.Write("<table border=1>");
        Response.Write("<tr bgcolor= blue>");
        Response.Write("<td> 环境变量 </td>");
        Response.Write("<td> 当前值 </td></tr>");

    foreach (object item in Request.ServerVariables)
    {
        Response.Write("<tr>");
```

```
        Response.Write("<td>" + item + "</td>");
        Response.Write("<td>" + Request.ServerVariables[item.ToString()] + " </td>");
        Response.Write("</tr>");
    }
    Response.Write("</table>");
        }
```

以 HTTP 方式访问 WriteFile.aspx 文件，运行结果如图 4-10 所示。

（3）读取客户端的 Cookie

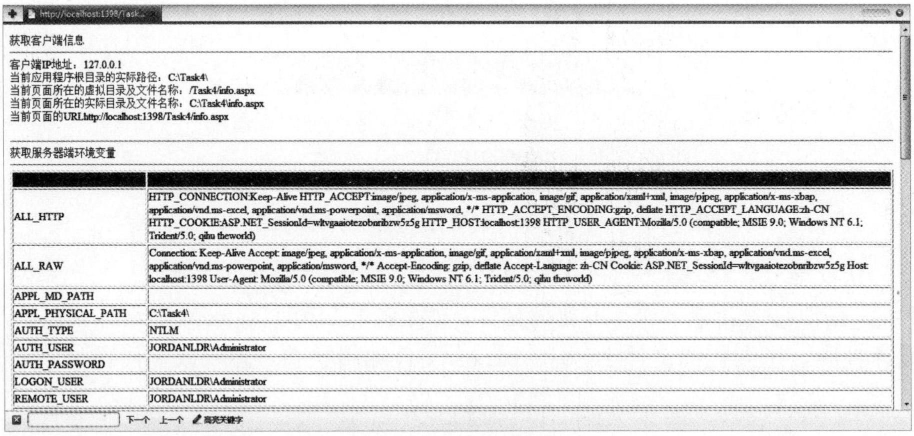

图 4-10　　读取客户端信息

4.3.5　　拓展 2：Server 对象

通过 Server 对象可以访问服务器的方法和属性，获取有关服务器的信息。对应 HttpServerUtility 类。

Server 对象的常用属性见表 4-13。Server 对象的常用方法见表 4-14。

表 4-13　　Server 对象的常用属性

名称	说明
MachineName	获取服务器的计算机名称
ScriptTimeout	获取和设置请求超时值（以秒计）

表 4-14　　Server 对象的常用方法

名称	说明
ClearError	清除前一个异常
GetLastError	返回前一个异常
HtmlDecode	对已被编码以消除无效 HTML 字符的字符串进行解码
HtmlEncode	对要在浏览器中显示的字符串进行编码
MapPath	返回与 Web 服务器上的指定虚拟路径相对应的物理文件路径
ToString	返回表示当前 Object 的 String（继承自 Object）

（接上页）表 4–14　　Server 对象的常用方法

名称	说明
Transfer	终止当前页的执行，并为当前请求开始执行新页
TransferRequest	异步执行指定的 URL
UrlDecode	对字符串进行解码，该字符串针对 HTTP 传输进行了编码并在 URL 中发送到服务器
UrlEncode	编码字符串，以便通过 URL 从 Web 服务器到客户端进行可靠的 HTTP 传输

　　Server 对象提供对服务器上的方法和属性的访问，其中大多数方法和属性是为实用程序提供服务的。通过 Server 对象可以访问服务器的方法和属性。比如得到服务器上某文件的物理路径和设置某文件的执行期限等。如果想在浏览器上显示"<"和">"标记，必须进行重新编码。Server 对象的 HTMLencode 方法提供这种功能，例如：

```
protected void Page_Load(object sender, EventArgs e)
{
    Response.Write(Server.HtmlEncode( " <p> 大家好！ </p>"));
    Response.Write("<br>");
    Response.Write("<p> 大家好！ </p>");
}
```

输出结果如图 4-11 所示。

图 4–11　　用 Server 对象的 HtmlEncode 方法进行编码

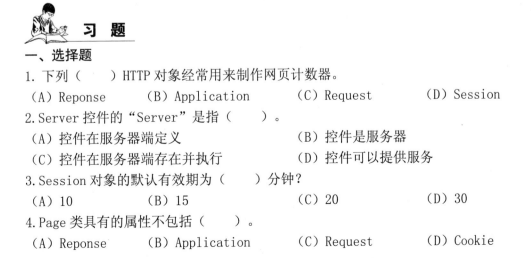

习　题

一、选择题

1. 下列（　　）HTTP 对象经常用来制作网页计数器。

（A）Reponse　　　（B）Application　　　（C）Request　　　（D）Session

2. Server 控件的"Server"是指（　　）。

（A）控件在服务器端定义　　　　　　（B）控件是服务器

（C）控件在服务器端存在并执行　　　（D）控件可以提供服务

3. Session 对象的默认有效期为（　　）分钟？

（A）10　　　　　　（B）15　　　　　　（C）20　　　　　　（D）30

4. Page 类具有的属性不包括（　　）。

（A）Reponse　　　（B）Application　　　（C）Request　　　（D）Cookie

5. Request 使 ASP.NET 能够读取客户端在 Web 请求期间发送的 HTTP 值，它是（　　）类的实例。

（A）HttpServerUtility
（B）ttpApplicationState
（C）HttpRequest
（D）HttpSessionState

二、填空题

1. 使用_____方法来实现在不同页面之间跳转的功能，也就是可以从一个网页地址转到另一个网页地址。

2. Server 对象的_____方法用来返回与 Web 服务器上的虚拟目录对应的物理路径。

3. 通过_____对象可以访问服务器的方法和属性，获取有关服务器的信息。

4. 基于服务器的状态管理有：_____、_____和_____三种。

三、问答题

1. 什么是状态管理？状态管理有哪些类型？

2. 应用程序变量和会话变量有什么不同？

3. 使用 Cookie 进行状态管理有哪些注意事项？

4. ASP.NET 包含哪些内置对象，分别是哪些类的实例？各有什么功能？

四、操作题

开发远程教学网站的在线答疑子系统

结合本项目学习的应用程序变量、会话变量和 Cookie 等，实现远程网站的在线答疑子系统，要求能够显示当前在线学生姓名和当前在线人数；学生可在线向老师提问题，每个学生均可看到在线答疑的全部内容。

项目五　使用 ADO.NET 访问数据库

5.1　了解 ADO.NET

5.1.1　知识 1：ADO.NET 入门

（1）ADO.NET 是英文 ActiveX Data Object for the .NET Framework 的缩写，是建立在 Microsoft .NET Framework 之上的，为编程人员提供数据访问服务的一种对象模型。ADO.NET 是对当前微软所支持的对数据库进行操作的最有效的方法，可以使用 ADO.NET 去编写紧凑简明的代码以便连接到各种兼容的数据库，包括 MS SQL SERVER、Access、Oracle 等等。

数据模型访问如图 5-1 所示。

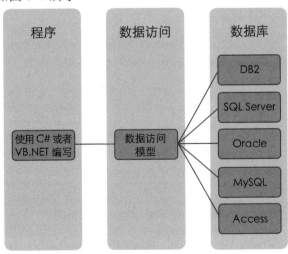

图 5-1　数据模型访问示意图

ADO.NET 的结构如图 5-2 所示。.NET Framework 中包含的 .NET Framework 数据提供程序如表 5-1 所示。

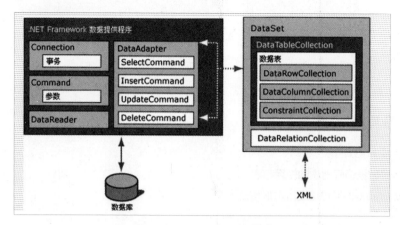

图 5-2   ADO.NET 结构图

表 5-1   .NET Framework 数据提供程序

.NET Framework 数据提供程序	说明
SQL Server .NET Framework 数据提供程序	适用于 Microsoft SQL Server2005 或更高版本
OLE DB .NET Framework 数据提供程序	适用于 OLE DB 公开的数据源
ODBC .NET Framework 数据提供程序	适用于 ODBC 公开的数据源
Oracle .NET Framework 数据提供程序	适用于 Oracle 数据源，支持 Oracle 客户端软件 8.1.7 版本和更高版本

根据数据源的不同，选择不同的 .NET Framework 数据提供程序进行连接。例如数据库为 SQL Server 2008 则采用 SQL Server .NET Framework 数据提供程序，数据库为 ACCESS 2007 则采用 OLE DB .NET Framework 数据提供程序，数据库为 Oracle 9i 则采用 Oracle .NET Framework 数据提供程序。本单元主要介绍采用 SQL Server .NET Framework 数据提供程序访问 SQL Server 2008 的方法。

（2）ADO.NET 包含 .NET Framework 数据提供程序，用于连接各种数据源，执行查询命令以及存储、操作和更新数据。数据访问对象如表 5-2 所示。

表 5-2   数据访问常用对象

对象	说明
Connection	建立与特定数据源的连接
Command	执行各种访问数据库的命令并返回结果
DataReader	从数据源中读取只进且只读的记录集
DataSet	支持 ADO.NET 断开连接方式访问数据
DataAdapter	用数据源填充 DataSet 并解析更新

（3）ADO.NET 既能在与数据源连接的环境下工作，又能在断开与数据源连接的条件下工作。ADO.NET 访问数据库的途径如图 5-3 所示。

（4）ADO.NET 包含对 XML 标准的完全支持。

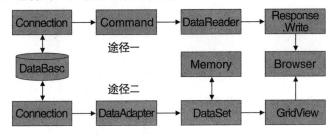

图 5-3　　ADO.NET 访问数据库的途径

5.1.2　知识 2：连接数据库

要连接到数据库，首先必须创建一个 Connection 对象。要连接到 SQL Server 数据库，需要引入 System.Data.SqlClient 命名空间，并创建一个 SqlConnection 类的实例。在创建 SqlConnection 实例的同时，需将连接数据库的字符串作为参数传入。然后，打开 SqlConnection 对象，并对数据库的数据进行访问，最后关闭连接。

连接字符串属性的参数表如表 5-3 所示。

表 5-3　连接字符串属性参数表

参数	描述
Server	要连接到的数据库服务器的主机地址
Connection Timeout 或 Connect Timeout	在数据源终止尝试和返回错误提示信息之前，连接到服务器所需等待的时间秒数
Initial Catalog 或 Database	打开连接后要打开的数据库的名称
Data Source	数据库所处的位置和包含它的文件
Integrated Security 或 Trusted_Connection	如果此参数值为 false，则必须指定其中的 uid（账户名）和 pwd（密码）。如果其值为 true，则数据源使用当前身份验证的 Microsoft Windows 账户凭证。其可识别值为 true、false、yes、no 以及 sspi（强烈推荐），sspi 等价于 true
uid	如果 Integrated Security 设置为 false，则该参数为要使用的数据源登录的账户名
pwd	如果 Integrated Security 设置为 false，则该参数为要使用的数据源登录账户密码
Persist Security Info	如果此参数值为 false，且正在打开连接或已在连接打开状态时，数据源将不返回安全敏感信息，例如密码

5.1.3　任务：学生信息管理系统与 SQL Server 数据库的连接

1. 任务要求

设计一个页面，用于显示连接学生信息管理系统数据库的状态。

2. 解决步骤

（1）新建 Task5 目录，并在 Task5 中新建一个名称为 StudentMIS 的网站。

（2）在 Task5 目录的 StudentMIS 网站中，添加一个 Web 窗体 5-01. aspx。

（3）在 5-01. aspx. cs 中添加命名空间 using System. Data. SqlClient。

（4）在 Page_Load 函数体内指定连接到学生信息管理系统的字符串。

string connstr=" server=.;Integrated Security=true;database=StudentDB";

（5）创建 SqlConnection 对象 SqlConnection myConnection = new SqlConnection(connstr)。

（6）打开 SqlConnection 对象 myConnection. Open()。

（7）若正常打开连接，则执行操作 Response. Write("连接数据库成功！")，否则执行操作 Response. Write("连接数据库失败！")。

（8）关闭 SqlConnection 对象 myConnection. Close()。

Page_Load 事件处理程序中添加程序代码如下。

```
protected void Page_Load(object sender, EventArgs e)
{
    //设置连接字符串
    string connstr = "server=.;Integrated Security=true;database= StudentDB";
    //创建 SqlConnection 对象
    SqlConnection myConnection = new SqlConnection(connstr);
    try
    {    myConnection.Open(); //打开连接
        Response.Write("连接数据库成功！ ");
    }
    catch (Exception ex)
    {
    Response.Write("连接数据库失败！ "+ "失败原因："+ex.ToString());
    }
    finally
    {
    myConnection.Close(); //关闭连接
    }
}
```

（9）在浏览器中查看 5-01. aspx，运行结果如图 5-4 所示。

图 5-4   测试连接数据库的运行结果

注意： 如果在安装 SQL Server 2010 时，服务器名带有域名。例如：20120811-1508\SQLSERVER2008，则连接字符串的写法要改为：string connstr="server=20120811-1508\\SQLSERVER2008;Integrated Security=true;database= StudentDB "。

除了可以在 5-01. aspx. cs 中配置连接字符串之外，还可以在 web. config 文件中进行配置。在 web. config 文件中的 <appSettings> 与 </appSettings> 之间加入连接字符串。

```
<appSettings>
<add key="connstr" value="server=.;Integrated Security=true;database=StudentDB"/>
</appSettings>
```

　　在 web.config 文件中配置好连接字符串之后，还需要在 5-01.aspx.cs 中进行读取，步骤如下。

　　①添加命名空间 using System.Configuration。

　　②获取连接字符串 string connstr=ConfigurationSettings.AppSettings["connstr"]。

　　注意： 如果在安装 Visual Studio 2010 过程中，选择安装了 Microsoft SQL Server 2008 Express，则可以不用将数据库附加到 SQL Server 2008 中，而直接把数据库文件放到站点目录下的 App_Data 子目录中，Visual Studio 2010 会对数据库文件进行解析。

　　把连接字符串改成以下代码，则可以实现对数据库的访问。

<add name="connstr" connectionString="Data Source=.\SQLEXPRESS;

AttachDbFilename=|DataDirectory| StudentDB_Data.MDF;Integrated Security=True;

ConnectTimeout=30;User Instance=True"

providerName="System.Data.SqlClient" />

5.1.4　实训：办公自动化系统与 SQL Server 数据库的连接

实训要求：

创建一个页面，用于显示连接办公自动化系统数据库的状态。

5.2　掌握 DataReader 和 Command 对象的使用方法

5.2.1　知识：DataReader 对象和 Command 对象

　　（1）DataReader 对象：用于从数据源读取只进、只读的数据流，通常称之为"数据读取器"。

　　（2）Command 对象：用于对数据源执行命令操作，通常称之为"数据命令对象"。

　　（3）连接到数据库之后，要对数据库的数据进行操作，则要使用 Command 对象对数据库执行命令。Command 对象的方法如表 5-4 所示。

　　（4）Command 对象的 ExecuteReader() 方法是最常用的方法之一，它执行命令并返回一个 DataReader 对象，因此，可以利用 DataReader 对象和 Command 对象一起使用来访问数据。

表 5-4　Command 对象的方法

方法	描述
Cancel()	取消命令的执行
CreateParameter()	创建 SqlParameter 对象的新实例
ExecuteScalar()	执行命令并返回查询结果集中第一行的第一列。忽略额外的列或行
ExecuteNonQuery()	执行命令并返回受影响的行数

（接上页）表 5-4   Command 对象的方法

方法	描述
ExecuteReader()	执行命令并返回一个 DataReader 对象
ExecuteXmlReader()	执行命令并生成一个 XmlReader 对象
Prepare()	在 SQL Server 的实例上创建命令的一个准备（预编译）版本
ResetCommandTimeout()	将 CommandTimeout 属性重置为其默认值

5.2.2   任务 1：使用 DataReader 对象显示学生信息查询结果

1. 任务要求

设计一个页面 5-02-1.aspx，用于显示学生信息查询结果。

2. 解决步骤

（1）在 Task5 目录的 StudentMIS 网站中，添加一个 Web 窗体 5-02-1.aspx。

（2）在 5-02-1.aspx.cs 中添加命名空间 using System.Data.SqlClient。

（3）在 Page_Load 函数体内指定连接到学生信息管理系统的字符串。

string connstr=" server=.;Integrated Security=true;database=StudentDB";

（4）创建 SqlConnection 对象 SqlConnection myConnection=new SqlConnection(connstr)。

（5）打开 SqlConnection 对象 myConnection.Open()。

（6）定义查询 SQL 字符串。

string queryStr="select Number,Name,Sex,ProfessionName,Class from Student";

（7）建立 SqlCommand 对象，并传入查询字符串和连接对象参数 。

SqlCommand myCommand=new SqlCommand(queryStr, myConnection);

（8）建立 SqlDataReader 对象并调用 SqlCommand 对象的 ExecuteReader 方法。

SqlDataReader myDataReader=myCommand.ExecuteReader();

（9）利用循环调用 SqlDataReader 对象的 Read 方法，读出返回数据。

while(myDataReader.Read())
{
*   for(int i=0;i<myDataReader.FieldCount;i++)*
{   Response.Write(myDataReader.GetName(i)+":"+myDataReader.GetValue(i)+"<br>");
}
Response.Write("<br>");
}

（10）调用 SqlDataReader 对象的 Close 方法关闭数据读取器同时关闭数据库连接。

myDataReader.Close();
myConnection.Close();

Page_Load 事件处理程序中添加程序代码如下。

```csharp
protected void Page_Load(object sender, EventArgs e)
{
    //设置连接字符串
    string connstr = "server=.;Integrated Security=true;database= StudentMIS ";
    //创建 SqlConnection 对象
    SqlConnection myConnection = new SqlConnection(connstr);
    myConnection.Open();
    //用 SqlCommand 对象访问 Student 数据表
    string queryStr=" select Number,Name,Sex,ProfessionName,Class from Student ";
    SqlCommand myCommand=new SqlCommand(queryStr, myConnection);
    //调用 SqlCommand 对象的 ExecuteReader() 方法返回数据
    SqlDataReader myDataReader=myCommand.ExecuteReader();
    //循环读取 myDataReader 的字段名以及值
    while(myDataReader.Read())
    {
        for(int i=0;i<myDataReader.FieldCount;i++)
        {
            Response.Write(myDataReader.GetName(i)+":"+
            myDataReader.GetValue(i)+"<br>");
        }
        Response.Write("<br>");
    }
    myDataReader.Close();
    myConnection.Close();
}
```

（11）在浏览器中查看 5-02-1.aspx，运行结果如图 5-5 所示。

图 5-5　学生信息查询结果

5.2.3　任务 2：使用 Command 对象的 ExecuteScaler 方法统计学生总数

1. 任务要求
设计一个页面 5-02-2.aspx，用于显示学生总数。

2. 解决步骤
（1）在 Task5 目录的 StudentMIS 网站中，添加一个 Web 窗体 5-02-2.aspx。

（2）在 5-02-2.aspx.cs 中添加命名空间 using System.Data.SqlClient。

（3）在 Page_Load 函数体内指定连接到学生信息管理系统的字符串。

string connstr=" server=.;Integrated Security=true;database=StudentDB";

（4）创建 SqlConnection 对象 SqlConnection myConnection=new SqlConnection(connstr)。

（5）打开 SqlConnection 对象 myConnection.Open()。

（6）定义 SQL 查询字符串。

string queryStr="select distinct count(*) from Student";

（7）建立 SqlCommand 对象，并传入查询字符串和连接对象参数。

SqlCommand myCommand=new SqlCommand(queryStr, myConnection);

（8）调用 SqlCommand 对象的 ExecuteScalar 方法，返回学生总数。

String sum=myCommand.ExecuteScalar().ToString();

（9）输出学生总人数。

if (sum!=null)
{
    Response.Write(" 学生总人数为 :" + sum + " 人 ");
}

（10）释放 Command 对象，并关闭连接。

myCommand.Dispose();
myConnection.Close();

Page_Load 事件处理程序中添加程序代码如下。

protected void Page_Load(object sender, EventArgs e)
{
    //设置连接字符串
    string connstr = "server=.;Integrated Security=true;database=StudentDB";
    // 创建 SqlConnection 对象
    SqlConnection myConnection = new SqlConnection(connstr);
    myConnection.Open();
    // 用 SqlCommand 对象访问 Student 数据表
    string queryStr = " select distinct count(*) from Student ";

SqlCommand myCommand = new SqlCommand(queryStr, myConnection);
// 调用 SqlCommand 对象的 ExecuteScalar() 方法返回学生总数
String sum = myCommand.ExecuteScalar().ToString();
if (sum!=null)
{
　　　Response.Write(" 学生总人数为 :" + sum + " 人 ");
}
myCommand.Dispose();
myConnection.Close();
}

（11）在浏览器中查看 5-02-2.aspx，运行结果如图 5-6 所示。

图 5-6　　学生总人数显示结果

5.2.4　任务 3：使用 Command 对象的 ExecuteNonQuery 方法新增一条学生记录

1. 任务要求

设计一个页面 5-02-3.aspx，用于显示学生总数。

2. 解决步骤

（1）在 Task5 目录的 StudentMIS 网站中，　添加一个 Web 窗体 5-02-3.aspx。

（2）在 5-02-3.aspx.cs 中添加命名空间 using System.Data.SqlClient。

（3）在 Page_Load 函数体内指定连接到学生信息管理系统的字符串。

string connstr=" server=.;Integrated Security=true;database=StudentDB";

（4）创建 SqlConnection 对象 SqlConnection myConnection=new SqlConnection(connstr)。

（5）打开 SqlConnection 对象 myConnection.Open()。

（6）定义查询 SQL 字符串。

string queryStr = " insert into Student(Number,Name,Sex,Profess
ionName,Class)
values('201322260',' 陈胜云 ',' 男 ',' 计算机应用 ',' 软件 ')";

（7）建立 SqlCommand 对象，并传入查询字符串和连接对象参数。

SqlCommand myCommand=new SqlCommand(queryStr, myConnection);

（8）调用 SqlCommand 对象的 ExecuteNonQuery 方法，执行 SQL 语句并返回影响行数。

String num=myCommand.ExecuteNonQuery().ToString();

（9）输出信息。

if (num!=null)

{

    Response.Write(" 你已成功添加 " + num + " 条记录！ ");

}

（10）释放 Command 对象，并关闭连接。

myCommand.Dispose();
myConnection.Close();

Page_Load 事件处理程序中添加程序代码如下。

```
protected void Page_Load(object sender, EventArgs e)
{
    // 设置连接字符串
    string connstr = "server=.;Integrated Security=true;database=StudentDB";
    // 创建 SqlConnection 对象
    SqlConnection myConnection = new SqlConnection(connstr);
    myConnection.Open();
    // 用 SqlCommand 对象访问 Student 数据表
    string queryStr = " insert into Student(Number,Name,Sex,ProfessionName,Class)
                        values('201322260',' 陈胜云 ',' 男 ',' 计算机应用 ',' 软件 ')";
    SqlCommand myCommand = new SqlCommand(queryStr, myConnection);
    // 调用 SqlCommand 对象的 ExecuteNonQuery() 方法执行 SQL 语句，并返回影响的行数
    String num=myCommand.ExecuteNonQuery().ToString();
    if (num!=null)
    {
        Response.Write(" 你已成功添加 " + num + " 条记录！ ");
    }
    myCommand.Dispose();
    myConnection.Close();
}
```

（11）在浏览器中查看 5-02-3.aspx，运行结果如图 5-7 所示。

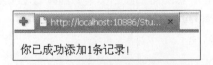

图 5-7   成功添加学生记录页面

（12）查看 SQL Server 2010 的 Student 表，可见该记录已成功添加，如图 5-8 所示。

	39	201322247	史良	男	计算机应用	软件	*NULL*
	49	201322259	陈换	男	市场营销	市场营销	*NULL*
	50	200422253	杨二	男	国际商务	国际商务	asd
	52	201322260	陈胜云	男	计算机应用	软件	*NULL*

图 5-8   Student 表数据页面

5.2.5　使用 DataReader 和 Command 对象显示相关数据

实训要求：

（1）创建一个页面，用于显示办公自动化系统中所有职员的个人信息。

（2）创建一个页面，用于显示职员的总人数。

（3）创建一个页面，用于新增、修改和删除职员的个人信息。

5.3　掌握 DataSet 和 DataAdapter 对象的使用方法

5.3.1　知识：使用 DataSet 访问数据

1. 两种数据访问模型

ADO.NET 提供以下两种数据访问模型。

（1）连接的模型

连接的模型指使用数据提供程序连接到数据库并对数据库运行 SQL 命令时，一直保持与数据库连接的状态，直到命令运行结束后才关闭和数据库之间的连接。5.2 节所讨论的就是在与数据库保持连接的环境下操作数据的方式。

（2）断开连接的模型

断开连接的模型将会在内存中开辟一块缓存来保存数据的副本，在数据库连接断开后仍然能操作这些数据。断开连接的模型并不意味着不需要连接到数据库，而是连接到数据库后，把数据从数据库中取出并把这些数据放入缓存，然后断开数据库连接，这时虽然数据库连接断开了，但仍然可以对这些数据进行操作。不过，由于数据库连接已经断开，因此对这些数据的操作将不会影响到数据库中数据的状态，如果需要将操作后的数据更新回数据库，则需要重新建立与数据库的连接，将缓存操作过的数据更新回数据库。

2.DataSet 与 DataAdapter 简介

（1）数据集对象 DataSet

DataSet 对象是 ADO.NET 的核心，是实现离线访问技术的载体。DataSet 不维持和数据源的连接，它将数据源的数据抽取出来存到 DataSet 对象中，其中的数据可以被存取、操作、更新或删除，并保持与数据源的一致。

由于 DataSet 对象是使用无连接传输模式访问数据源，因此在用户要求访问数据源时，不需要进行连接操作。同时，数据一旦从数据源读入 DataSet 对象，便关闭数据连接，解除数据库的锁定。这样就可以避免多个用户对数据源的争夺。

DataSet 与数据库本身相比，可能不能存储那么多的数据，也可能不便于查询，但可以在脱机环境中很好地工作。DataSet 对象的工作原理图如图 5-9 所示。

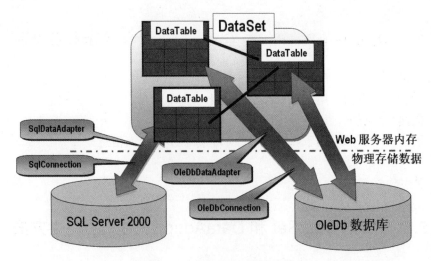

图 5-9   DataSet 工作原理图

　　DataSet 对象包含一个或多个 DataTable 对象组成的组合，此外它还包含了 DataTable 对象的主键、外键、条件约束以及 DataTable 对象之间的关系等。

　　可以将 DataTable 看成一个关系数据库，DataTable 相当于数据库中的关系表，DataTable 和 DataColumn 就是该表中的行和列。所有的表（DataTable）组成了 DataTableCollection，所有的行（DataRow）组成了 DataRowCollection，所有的列（DataColumn）组成了 DataColumnCollection。图 5-10 为 DataTable 结构图。

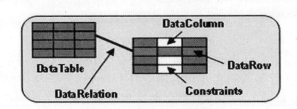

图 5-10   DataTable 结构图

　　DataTable 对象包含一些集合，这些集合描述表中的数据并在内存中缓存这些数据。如表 5-5 所示。

表 5-5   DataTable 集合描述表

集合名称	集合中对象的类型	集合中对象的描述
Columns	DataColumn	包含表中列的元数据，例如列名、数据类型、通过表达式计算得出的值、自动递增值、主键值以及数据行在此列中是否能包含空值
Rows	DataRow	包含表中的一行数据。在应用程序对原始数据做出任何更改之前，DataRow 对象也维护行中的原始数据
Constraints	Constraint	表示在一个或多个 DataColumn 对象上的约束。约束是抽象类，它有两个具体的子类：UniqueConstraint 和 ForeignKeyConstraint
ChildRelations	DataRelation	表示与 DataSet 中另一个表中的列之间的关系

（2）DataAdapter 对象

DataSet 可以包含应用程序的本地数据以及来自多个数据源的数据，但对于在数据源中加载数据，DataSet 不提供任何直接的支持。因此，ADO.NET 引入 DataAdapter，由其控制与现有数据源之间的交互，DataAdapter 对象是 DataSet 对象和数据存储之间的桥梁。

DataAdapter 可用于从数据源中检索数据并填充 DataSet 中的表。DataAdapter 对象与 DataSet 对象配合以创建数据的内存表示。DataAdapter 对象仅仅在需要填充 DataSet 对象时才使用数据库连接，完成操作之后就释放所有的资源。

DataAdapter 与 DataSet 配合提供一个分离数据的检索机制。DataAdapter 负责处理数据的数据源格式与 DataSet 使用的格式之间的转换。每次从数据库检索数据来填充 DataSet 时，或者通过写 DataSet 来改变数据库时，DataAdapter 都提供两种格式之间的转换。DataAdapter 对象通过 Fill 方法把数据添加到 DataSet 对象中，在对数据完成添加、删除或修改操作后再调用 Update 方法更新数据源。图 5-11 为 DataSet 与 DataAdapter 访问数据库的示意图。

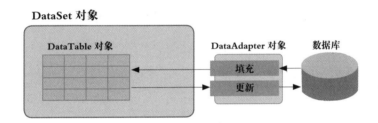

图 5-11　DataSet 与 DataAdapter 访问数据库

（3）DataSet 数据更新。

ADO.NET 提供了 DataAdapter 的 Update 方法来完成更新数据库的功能。此方法分析 DataSet 中的每个记录的 RowState，并且调用适当的 INSERT、UPDATE 和 DELETE 语句。

在增加、删除和修改数据库的记录时，Fill 方法为 DataSet 中的每个记录关联一个 RowState 值，初始值设置为 Unchange。如果 DataSet 发生了改变，RowState 的值就会发生改变。Added 被赋值给新增加的行，Deleted 被赋值给被删除的行，Detached 被赋值给一个被移走的行，Modified 被赋值给被更改过的行。

DataAdapter 所提供的主要属性及其描述如下表 5-6 所示。

表 5-6　DataAdapter 属性描述表

属性	描述
SelectCommand	在数据源中检索数据的数据命令
InsertCommand	在数据源中插入数据的数据命令
UpdateCommand	在数据源中更新数据的数据命令
DeleteCommand	在数据源中删除数据的数据命令

（4）DataSet 与 DataReader 的比较如表 5-7 所示。

表 5-7   DataSet 与 DataReader 比较表

DataSet	DataReader
读或写数据	只读
包含多个来自不同数据库的表	使用 SQL 语句从单个数据库
非连接模式	连接模式
绑定到多个控件	只能绑定到一个控件
向前或向后浏览数据	只能向前
较慢的访问速度	较快的访问速度
在 IIS 服务器上所占用的内存较多	在 IIS 服务器上所占用的内存较少

5.3.2   任务 1：使用 DataSet 与 DataAdapter 显示学生信息查询结果

1. 任务要求

设计一个页面，利用 DataSet 对象显示学生信息查询结果。

2. 解决步骤

（1）在 Task5 目录的 StudentMIS 网站中，添加一个 Web 窗体 5-03-1.aspx。

（2）从工具箱的"数据"中，将 GridView 控件拖到页面。

（3）在 5-03-1.aspx.cs 中添加命名空间 using System.Data.SqlClient;using System.Data。

（4）在 Page_Load 函数体内指定连接到学生信息管理系统的字符串。

string connstr=" server=.;Integrated Security=true;database=StudentDB";

（5）创建 SqlConnection 对象 SqlConnection myConnection=new SqlConnection(connstr)。

（6）打开 SqlConnection 对象 myConnection.Open()。

（7）建立 SqlDataAdapter 对象。

SqlDataAdapter da = new SqlDataAdapter("select Number,Name,Sex,ProfessionName,Class from Student ", myConnection);

（8）关闭 SqlConnection 对象。

myConnection.Close();

（9）创建 DataSet 对象。

DataSet ds = new DataSet();

（10）调用 SqlDataAdapter 对象的 Fill 方法，填充 DataSet。

da.Fill(ds);

（11）在 GridView 中显示数据。

GridView1.DataSource = ds.Tables[0].DefaultView;

GridView1.DataBind();

Page_Load 事件处理程序中添加程序代码如下。

protected void Page_Load(object sender, EventArgs e)

{

　　// 设置连接字符串

　　string connstr = "server=.;Integrated Security=true;database=StudentMIS ";

　　// 创建 *SqlConnection* 对象

　　SqlConnection myConnection = new SqlConnection(connstr);

　　myConnection.Open();

　　// 创建 *SqlDataAdapter* 对象

　　SqlDataAdapter da = new SqlDataAdapter("select Number,Name,Sex,ProfessionName,Class from Student ", myConnection);

　　myConnection.Close();

　　// 创建 *DataSet* 对象

　　DataSet ds = new DataSet();

　　// 利用 *SqlDataAdapter* 填充 *DataSet*

　　da.Fill(ds);

　　// 将 *DataSet* 的数据绑定到 *GridView*

　　GridView1.DataSource = ds.Tables[0].DefaultView;

　　GridView1.DataBind();

}

（12）在浏览器中查看 5-03-1.aspx，运行结果如图 5-12 所示。

Number	Name	Sex	ProfessionName	Class
201322212	李四	女	会计与审计	会计与审计
201322252	陈一	男	市场营销	市场营销
201322253	杨二	男	国际商务	国际商务
201322211	李欣	女	会计与审计	会计与审计
201322219	李常	女	会计与审计	会计与审计
201322213	李糖	女	会计与审计	会计与审计
201322244	李欢	女	会计与审计	会计与审计
201322234	李裳	女	会计与审计	会计与审计
201322236	李四	女	会计与审计	会计与审计
201322243	张灿	女	计算机应用	软件
201322249	钟爱	女	计算机应用	软件
201322245	张超	男	计算机应用	软件
201322246	李嘉	男	计算机应用	软件
201322247	史良	男	计算机应用	软件
201322259	陈换	男	市场营销	市场营销
200422253	杨二	男	国际商务	国际商务

图 5-12　　学生信息查询结果

5.3.3　任务 2：使用 DataSet 与 DataAdapter 增加学生记录

1. 任务要求

设计一个页面，利用 DataSet 与 DataAdapter 增加学生记录并显示新增结果。

2. 解决步骤

（1）在 Task5 目录的 StudentMIS 网站中，添加一个 Web 窗体 5-03-2.aspx。

（2）在 5-03-2.aspx.cs 中添加命名空间 using System.Data.SqlClient; using System.Data。

（3）在 Page_Load 函数体内指定连接到学生信息管理系统的字符串。

string connstr=" server=.;Integrated Security=true;database=StudentDB";

（4）创建 SqlConnection 对象 SqlConnection myConnection=new SqlConnection (connstr)。

（5）打开 SqlConnection 对象 myConnection.Open()。

（6）创建 SqlCommand 对象 SelectCommand 对象，获取 Student 表中的数据。

SqlCommand SelectCommand = new SqlCommand("SELECT DISTINCT Number, Name, Sex, ProfessionName, Class FROM Student", myConnection);

（7）创建 SqlCommand 对象 InsertCommand，根据传入参数插入到 Student 表中。

SqlCommand InsertCommand = new SqlCommand("insert into
Student(Number,Name,Sex,ProfessionName,Class)
values(@Number,@Name,@Sex,@ProfessionName,@Class)", myConnection);

（8）创建 SqlCommand 对象的五个参数。

InsertCommand.Parameters.Add(new SqlParameter("@Number",
System.Data.SqlDbType.VarChar, 9, "Number"));
InsertCommand.Parameters.Add(new SqlParameter("@Name",
System.Data.SqlDbType.VarChar, 10, "Name"));
InsertCommand.Parameters.Add(new SqlParameter("@Sex",
System.Data.SqlDbType.VarChar, 2, "Sex"));
InsertCommand.Parameters.Add(new SqlParameter("@ProfessionName",
System.Data.SqlDbType.VarChar, 50, "ProfessionName"));
InsertCommand.Parameters.Add(new SqlParameter("@Class",
System.Data.SqlDbType.VarChar, 50, "Class"));

（9）创建 SqlDataAdapter 对象并设置其 SelectCommand 和 InsertCommand 属性。

SqlDataAdapter da = new SqlDataAdapter();
da.SelectCommand = SelectCommand;
da.InsertCommand = InsertCommand;

（10）创建 DataSet 对象并利用 SqlDataAdapter 填充 DataSet。

DataSet ds = new DataSet();
da.Fill(ds);

（11）创建 DataTable 对象获取 DataSet 中的第一张表的数据并设置主键为学号列。

DataTable myTable = ds.Tables[0];
myTable.PrimaryKey = new DataColumn[] { myTable.Columns[0] };

（12）创建 DataRow 对象，插入数据并添加到添加到 Rows 集合中。

```
DataRow myRow = myTable.NewRow();
myRow["Number"] = "201322201";
myRow["Name"] = " 李文龙 ";
myRow["Sex"] = " 男 ";
myRow["ProfessionName"] = " 计算机应用 ";
myRow["Class"] = " 软件 ";
myTable.Rows.Add(myRow);
```

（13）显示添加到 DataSet 中的学生信息。

```
if (ds.HasChanges())
 {
     // 获取添加的行
     DataTable addedRows = myTable.GetChanges(DataRowState.Added);
     if (addedRows == null)
       {
           Response.Write(" 你没有添加任何记录 ");
       }
       else
       { // 循环查找已经添加的行，格式化显示每行当前的数据。
       foreach (DataRow row in addedRows.Rows)
         {
             Response.Write(String.Format(" 学号 : {0}, 姓名 : {1}, 性别 : {2}, 专业 : {3}, 班级 : {4}",
             row["Number"],
             row["Name"],
             row["Sex"],
             row["ProfessionName"],
             row["Class"]));
             Response.Write(String.Format("<br> 该记录已添加到 DataTable 中 "));
         }
       }
 }
```

（14）将添加到 DataTalbe 的数据提交到数据库。

```
da.Update(ds);
```

（15）清空 DataSet 的内容并关闭连接，然后重新打开连接读取数据。

```
ds.Clear();
myConnection.Close();
myConnection.Open();
da.Fill(ds);
```

（16）显示从数据库获取的刚插入的数据。

```
Response.Write("<h2> 添加到数据库中的学生数据 :</h2><hr>");
Response.Write("<table border=1 cellspacing=0 cellpadding=3><tr>");
// 显示列的名字
foreach (DataColumn myColumn in myTable.Columns)
```

```
    {
        Response.Write("<td>" + myColumn.ColumnName + "</td>");
    }
    Response.Write("</tr>");
    // 查找插入的行
    foreach (DataRow row in myTable.Rows)
    {
        if (row["Number"].ToString() == "201322201")
        {
            Response.Write("<tr>");
            foreach (DataColumn myColumn in myTable.Columns)
            {
                Response.Write("<td>" + row[myColumn] + "</td>");
            }
            Response.Write("</tr>");
            break;
        }
    }
    Response.Write("</table>");
```

（17）关闭与数据库的连接。

```
myConnection.Close();
```

Page_Load 事件的完整代码如下。

```
protected void Page_Load(object sender, EventArgs e)
{
    // 设置连接字符串
    string connstr = "server=.;Integrated Security=true;database=StudentMIS";
    // 创建 SqlConnection 对象
    SqlConnection myConnection = new SqlConnection(connstr);
    myConnection.Open();
    // 创建 SqlCommand 对象 SelectCommand 对象，获取 Student 表中的数据
    SqlCommand SelectCommand = new SqlCommand("SELECT DISTINCT Number, Name, Sex, ProfessionName, Class FROM Student", myConnection);
    // 创建 SqlCommand 对象 InsertCommand, 根据传入参数插入到 Student 表中
    SqlCommand InsertCommand = new SqlCommand("insert into
    Student(Number,Name,Sex,ProfessionName,Class)
    values(@Number,@Name,@Sex,@ProfessionName,@Class)", myConnection);
    // 创建 SqlCommand 对象的五个参数
    InsertCommand.Parameters.Add(new SqlParameter("@Number",
        System.Data.SqlDbType.VarChar, 9, "Number"));
    InsertCommand.Parameters.Add(new SqlParameter("@Name",
        System.Data.SqlDbType.VarChar, 10, "Name"));
    InsertCommand.Parameters.Add(new SqlParameter("@Sex",
        System.Data.SqlDbType.VarChar, 2, "Sex"));
    InsertCommand.Parameters.Add(new SqlParameter("@ProfessionName",
```

```
        System.Data.SqlDbType.VarChar, 50, "ProfessionName"));
InsertCommand.Parameters.Add(new SqlParameter("@Class",
System.Data.SqlDbType.VarChar, 50, "Class"));
// 创建 SqlDataAdapter 对象并设置其 SelectCommand 和 InsertCommand 属性
SqlDataAdapter da = new SqlDataAdapter();
da.SelectCommand = SelectCommand;
da.InsertCommand = InsertCommand;
// 创建 DataSet 对象
DataSet ds = new DataSet();
// 利用 SqlDataAdapter 填充 DataSet
da.Fill(ds);
// 创建 DataTable 对象获取 DataSet 中的第一张表的数据并设置主键为学号列
DataTable myTable = ds.Tables[0];
myTable.PrimaryKey = new DataColumn[] { myTable.Columns[0] };
// 创建 DataRow 对象，插入数据
DataRow myRow = myTable.NewRow();
myRow["Number"] = "201322201";
myRow["Name"] = " 李文龙 ";
myRow["Sex"] = " 男 ";
myRow["ProfessionName"] = " 计算机应用 ";
myRow["Class"] = " 软件 ";
// 添加到 Rows 集合中
myTable.Rows.Add(myRow);
// 显示添加到 DataSet 中的学生信息
if (ds.HasChanges())
{
    // 获取添加的行
    DataTable addedRows = myTable.GetChanges(DataRowState.Added);
    if (addedRows == null)
    {
        Response.Write(" 你没有添加任何记录 ");
    }
    else
    {
        // 循环查找已经添加的行，格式化显示每行当前的数据。
        foreach (DataRow row in addedRows.Rows)
        {
        Response.Write(String.Format(" 学号 :{0}, 姓名 : {1}, 性别 :{2}, 专业 :{3}, 班级 : {4}"row["Number"],
row["Name"], row["Sex"], row["ProfessionName"], row["Class"]));
            Response.Write(String.Format("<br> 该记录已添加到 DataTable 中 "));
        }
    }
}
// 将添加到 DataTalbe 的数据提交到数据库
da.Update(ds);
// 清空 DataSet 的内容并关闭连接，然后重新打开连接读取数据库中的数据
```

```
    ds.Clear();
    myConnection.Close();
    myConnection.Open();
    da.Fill(ds);
    // 显示从数据库获取的刚插入的数据
    Response.Write("<h2> 添加到数据库中的学生数据 :</h2><hr>");
    Response.Write("<table border=1 cellspacing=0 cellpadding=3><tr>");
    // 显示列的名字
    foreach (DataColumn myColumn in myTable.Columns)
    {
        Response.Write("<td>" + myColumn.ColumnName + "</td>");
    }
    Response.Write("</tr>");
    // 查找插入的行
    foreach (DataRow row in myTable.Rows)
    {
        if (row["Number"].ToString() == "201322201")
        {
            Response.Write("<tr>");
            foreach (DataColumn myColumn in myTable.Columns)
            {
            Response.Write("<td>" + row[myColumn] + "</td>");
            }
            Response.Write("</tr>");
            break;
        }
    }
    Response.Write("</table>");
    // 关闭与数据库的连接
    myConnection.Close();
    }
}
```

（18）在浏览器中查看 5-03-2.aspx，运行结果如图 5-13 所示。

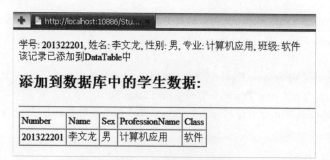

图 5-13   学生信息添加结果

注意：调用 SqlDataAdapter 的 Update() 方法更新结果到数据库之前，必须先设置 DataTable 中的主键。

5.3.4　实训：使用 DataSet 显示人事档案的查询结果

实训要求：

（1）创建一个页面，用于显示所有职员的个人信息，要求使用 DataSet 与 DataAdapter 对象。

（2）创建一个页面，用于添加职员的个人信息，要求使用 DataSet 与 DataAdapter 对象。

5.3.5　拓展 1：使用多个表

1. 拓展任务

一个 DataSet（数据集）可以和不限数目的 DataAdapter（数据适配器）一起配套使用，每一个 DataAdapter 用来填充 DataSet 中的一个或多个数据表。本节主要探讨如何使用一个 DataAdapter 从两个数据源中提取数据并填充 DataSet 中的两个表，然后建立这些表之间的关系。

如图 5-14 所示，这是一个学生信息查询页面，通过输入学生的学号，就可以分别按学生个人信息和各科成绩进行查询。

图 5-14　　学生信息查询界面

2. 设计步骤

（1）在 Task5 目录的 StudentMIS 网站中，添加一个 Web 窗体 5-04-1.aspx。

（2）设计 5-04-1.aspx 的用户界面，如图 5-14 所示。

① 在 5-04-1.aspx 的"设计"视图中，打开【表】→【插入表】，打开"插入表"对话框。按照如图 5-15 所示设置行数、列数和对齐方式。

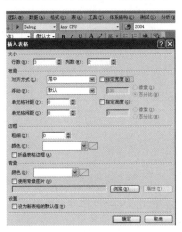

图 5-15　　"插入表"对话框设置

② 在工具箱的"标准"中，将一个 TextBox 控件和一个 Button 控件拖到第一行第二列中，将一个 Label 控件拖到第二行第二列中，将一个 ListBox 控件拖到第三行第二列中，并设置各个控件的属性，如表 5-8 所示。

表 5-8　各控件属性设置

控件	属性	说明
TextBox1	ID：xh	用于接收用户输入的学号
Label1	ID：lb_Student Text：	显示学生的个人基本信息
ListBox1	ID：lb_Score Text：	显示学生的各科成绩
Button1	ID：btn_cx Text：查询	"查询"按钮

（3）在 5-04-1.aspx.cs 中添加 using System.Data.SqlClient; using System.Data。

（4）双击"查询"按钮，则在 5-04-1.aspx.cs 文件中自动添加了此按钮的 Click 事件处理程序，在这个事件处理程序中添加程序代码如下。

```
protected void Button1_Click(object sender, EventArgs e)
{
    //设置连接字符串
    string connstr = "server=.;Integrated Security=true;database= StudentMIS ";
    // 创建 SqlConnection 对象
    SqlConnection myConnection = new SqlConnection(connstr);
    myConnection.Open();
    // 创建 SqlDataAdapter 对象
    SqlDataAdapter da = new SqlDataAdapter("select Number,Name,Sex,ProfessionName,Class from Student where Number='" + xh.Text.Trim() + "'", myConnection);
    // 创建 DataSet 对象
    DataSet ds = new DataSet();
    // 利用 SqlDataAdapter 填充 DataSet 的 Student 表
    da.Fill(ds, "Student");
    // 改变 da 的 SelectCommand 的语句，从成绩表中查询记录
    da.SelectCommand.CommandText = "Select * from Score where number='" + xh.Text.Trim() + "' ";
    // 利用 SqlDataAdapter 填充 DataSet 的 Score 表
    da.Fill(ds, "Score");
    myConnection.Close();
    // 建立 DataSet 中两个表之间的关系，Student 表为父表，Score 表为子表
    ds.Relations.Add("Student_Score", ds.Tables["Student"].
    Columns["Number"],
    ds.Tables["Score"].Columns["Number"]);
    // 建立 DataRow 对象 rowStudent
    DataRow rowStudent = ds.Tables["Student"].Rows[0];
    lb_Student.Text = rowStudent["Number"] + "--" + rowStudent["Name"] +"--" + rowStudent["Sex"]
    + "--" + rowStudent["ProfessionName"];
    // 调用 rowStudent 的 GetChildRows（）方法获取子表对应的数据
```

```
foreach (DataRow rowScore in rowStudent.GetChildRows("Student_Score"))
    lb_Score.Items.Add(rowScore["CourseName"].ToString() + ": " + rowScore["Score"].ToString());
}
```

（5）在浏览器中查看 5-04-1.aspx，运行结果如图 5-16 所示。

图 5-16　学生信息查询结果

5.3.6　拓展 2：使用 DataView 对象

如何对 DataSet 中的数据进行排序、搜索和过滤，ADO.NET 引入 DataView（数据视图）对象。DataView 表示用于排序、筛选、搜索、编辑和导航的 DataTable 的可绑定数据的自定义视图。可以将 DataView 同数据库的视图类比，不过有点不同，数据库的视图可以跨表建立视图，DataView 则只能对某一个 DataTable 建立视图。当使用数据视图时，可以通过从数据视图获取已筛选或排序记录（而不是直接从其所在的表中获取）来访问这些记录。在遵守某些限制的情况下，还可以通过数据视图更新、插入和删除记录。

1. 拓展知识

（1）DataView 对象的常用属性

① RowFilter：此属性允许指定一个选择条件（类似于传入 DataTable 的 Select() 方法的条件），并允许筛选返回行。

② Sort：此属性制定了组织视图中记录的表达式。此表达式包括排序操作的列名以及排序方向。

③ RowStateFilter：在对 DataTable 进行更改时，DataTable 将把一个步骤中所做的更改保留在历史记录中。

（2）DataView 对象的数据查找方法

① Find()：查找单个与搜索条件相匹配的记录。

② FindRows()：允许返回与指定搜索条件相匹配的多个 DataRowView 对象。

（3）查找记录的步骤

① 将数据视图的 Sort 属性设置为您要搜索的一列或多列。

② 调用数据视图的 Find 或 FindRows 方法，传递该它要在排序后的列中进行查找的值。

③ 如果想要查找单个记录，则调用 Find 方法。如果想要查找多个记录，则使用 FindRows 方法。如查找单个学生姓名的代码如下。

```
dataView1.Sort = "Number DESC";
int foundIndex = dataView1.Find(textBox1.Text);
```

Sting Name= StudentView[intIndex]["Name"]；

注意：Sort 属性默认排序方式为升序 ASC，若要对数据进行降序排列，则设置为 DESC，使用 Find 方法之前应先设置 Sort 属性进行排序。

如图 5-17 所示，这是一个利用 DataView 对象显示学生信息的页面，通过点击"数据加载""数据排序""数据过滤""查找行"按钮分别实现显示学生所有信息、对学生 ID 进行降序排列、过滤不是姓"李"的所有学生的记录、查找 ID 为"3"的学生名字的功能。

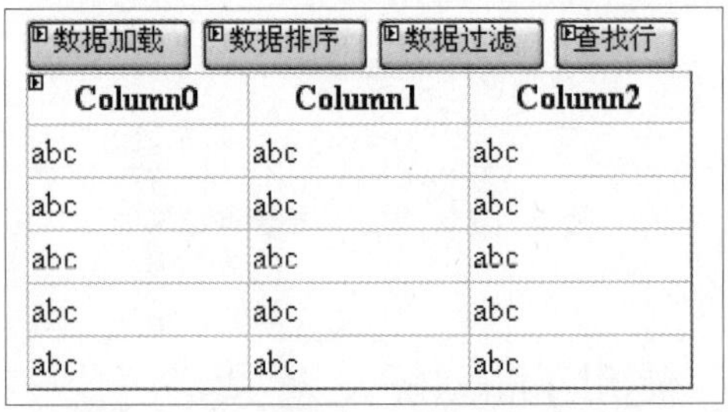

数据加载	数据排序	数据过滤	查找行
Column0	**Column1**	**Column2**
abc	abc	abc
abc	abc	abc
abc	abc	abc
abc	abc	abc
abc	abc	abc

图 5-17   利用 DataView 显示学生信息

2. 设计步骤

（1）在 Task5 目录的 StudentMIS 网站中， 添加一个 Web 窗体 5-04-2.aspx。

（2）设计 5-04-2.aspx 的用户界面，如图 5-17 所示。

添加四个 Button 控件和一个 GridView 控件，并分别设置这四个 Button 控件的 Text 属性为"数据加载""数据排序""数据过滤""查找行"，ID 属性分别为"btn_Load""btn_Sort""btn_Filter""btn_Find"。

（3）在 5-04-2.aspx.cs 中添加 using System.Data.SqlClient; using System.Data。

（4）添加全局变量 DataView 对象。

DataView StudentView = new DataView();

（5）在设计视图中鼠标双击"数据加载"控件，在 btn_Load_Click() 中添加如下代码。

```
protected void btn_Load_Click(object sender, EventArgs e)
{
    // 设置连接字符串
    string connstr = "server=.;Integrated Security=true;database= StudentMIS ";
    // 创建 Connection 对象
    SqlConnection myConnection = new SqlConnection(connstr);
    myConnection.Open();
    // 创建 SqlDataAdapter 对象
    SqlDataAdapter da = new SqlDataAdapter("select ID,Number,Name,Sex,ProfessionName,Class from Student ", myConnection);
    myConnection.Close();
    // 创建 DataSet 对象
    DataSet ds = new DataSet();
    // 利用 SqlDataAdapter 填充 DataSet
    da.Fill(ds);
    // 创建 DataView 对象
```

```
StudentView = ds.Tables[0].DefaultView;
// 将 DataSet 的数据绑定到 GridView
GridView1.DataSource = StudentView;
GridView1.DataBind();
}
```

（6）在设计视图中鼠标双击"数据排序"控件，在 btn_Load_Click() 中添加如下代码。

```
protected void btn_Sort_Click(object sender, EventArgs e)
{
    btn_Load_Click(sender,e);
    // 根据 ID 号降序显示学生数据
    StudentView.Sort = "ID DESC";
    GridView1.DataBind();
}
```

（7）在设计视图中鼠标双击"数据过滤"控件，在 btn_Load_Click() 中添加如下代码。

```
protected void btn_Filter_Click(object sender, EventArgs e)
{
    btn_Load_Click(sender, e);
    // 只显示姓李的学生信息
    StudentView.RowFilter= "Name like ' 李 %'";
    GridView1.DataBind();
}
```

（8）在设计视图中鼠标双击"查找行"控件，在 btn_Load_Click() 中添加如下代码。

```
protected void btn_Filter_Click(object sender, EventArgs e)
{
    btn_Sort_Click(sender, e);
    // 查找 ID 号为 3 的学生姓名
    int intIndex=StudentView.Find(3);
    if(intIndex!=-1)
    Response.Write(" 查找的学生姓名为 :"+StudentView[intIndex]["Name"]);
}
```

（9）在浏览器中查看 5-04-2. aspx，点击"数据加载"按钮，运行结果如图 5-18 所示。

图 5-18   学生数据加载页面

（10）点击"数据排序"按钮，则按 ID 号的降序排列，运行结果如图 5-19 所示。

数据加载	数据排序	数据过滤	查找行

ID	Number	Name	Sex	ProfessionName	Class
49	201322259	陈换	男	市场营销	市场营销
39	201322247	史良	男	计算机应用	软件
38	201322246	李嘉	男	计算机应用	软件
36	201322245	张超	男	计算机应用	软件
35	201322249	钟爱	女	计算机应用	软件
34	201322243	张灿	女	计算机应用	软件
27	201322236	李四	女	会计与审计	会计与审计
26	201322234	李裳	女	会计与审计	会计与审计
25	201322244	李欢	女	会计与审计	会计与审计

图 5-19　　按学生 ID 号降序显示页面

（11）点击"数据过滤"按钮，则只显示姓"李"的学生，运行结果如图 5-20 学生数据加载页面所示。

数据加载	数据排序	数据过滤	查找行

ID	Number	Name	Sex	ProfessionName	Class
3	201322212	李四	女	会计与审计	会计与审计
22	201322211	李欣	女	会计与审计	会计与审计
23	201322219	李常	女	会计与审计	会计与审计
24	201322213	李穗	女	会计与审计	会计与审计
25	201322244	李欢	女	会计与审计	会计与审计
26	201322234	李裳	女	会计与审计	会计与审计
27	201322236	李四	女	会计与审计	会计与审计
38	201322246	李嘉	男	计算机应用	软件

图 5-20　　数据过滤显示页面

（12）点击"查找行"按钮，则查找 ID 为"3"的学生姓名，运行结果如图 5-21 所示。

http://localhost:10886/Stu...

查找的学生姓名为:李四

数据加载	数据排序	数据过滤	查找行

ID	Number	Name	Sex	ProfessionName	Class
49	201322259	陈换	男	市场营销	市场营销
39	201322247	史良	男	计算机应用	软件
38	201322246	李嘉	男	计算机应用	软件
36	201322245	张超	男	计算机应用	软件
35	201322249	钟爱	女	计算机应用	软件
34	201322243	张灿	女	计算机应用	软件
27	201322236	李四	女	会计与审计	会计与审计
26	201322234	李裳	女	会计与审计	会计与审计

图 5-21　　查找对应学生姓名页面

 **习 题**

一、选择题

1. 以下（ ）是数据访问对象。

（A）Connection 对象 （B）Command 对象

（C）DataReader 对象 （D）DataAdapter 对象

2. 数据库连接对象是指（ ）。

（A）Connection 对象 （B）Command 对象

（C）DataReader 对象 （D）DataAdapter 对象

3. 连接字符串可保存在（ ）配置文件中。

（A）Asp. config （B）Cmd. config

（C）Web. config （D）XML. config

4. 要执行数据库中的查询语句并返回结果，应执行 Command 的（ ）方法。

（A）ExecuteNonQuery() （B）ExecuteReader()

（C）ExecuteXmlReader() （D）Prepare()

5. DataAdapter 的（ ）方法把数据填充到 DataSet 中。

（A）InsertCommand() （B）Update()

（C）Fill() （D）Add()

二、操作题

开发远程教学网站的在线测验子系统

开发远程教学网站的在线测验子系统。要求学生登录后可以在线测验，提交后可以评分。教师登录后可以插入新的试题、修改试题、删除试题、查看每位学生的测验成绩。

项目六　使用数据控件创建页面

6.1　了解数据绑定并掌握利用 GridView 控件显示数据

6.1.1　知识 1：数据绑定

1. 数据绑定的定义及类型

数据绑定指将 Web 控件中用于显示的属性与底层的数据源（比如数据库、对象、XML 等）进行绑定，即把数据连接到窗体的过程，以实现在 Web 页面上显示数据。在ASP.NET 中，数据绑定分为两种基本类型：简单数据绑定和复杂数据绑定。

（1）简单数据绑定

简单数据绑定指单个控件属性和一个简单的数据源之间的一对一关联。简单的数据源包括变量、属性及表达式等。

（2）复杂数据绑定

复杂数据绑定指将某个给定控件的整个界面与从数据源读取的数据的一个或多个列关联起来。例如，GridView 控件的用户界面是用许多数据列来填充的。复杂的数据源包括数据集、数据视图及各种数据库等。其绑定方法为：设置控件的 DataSource 属性和调用控件的 DataBind() 方法。

2. 数据绑定的表达式

数据绑定表达式主要有 Eval 方法和 Bind 方法。

（1）Eval 方法可绑定数据到数据感知控件（如 GridView、DetailsView 等）。用Eval 方法绑定的数据主要用于数据的显示。

（2）Bind 方法与 Eval 方法有一些相似，但也存在差异。Bind 方法除了具有像 Eval 方法一样将数据绑定到数据感知控件用于数据的显示之外，还可以实现对数据的修改操作。

3. ASP.NET 4.0 复杂数据控件

ASP.NET 4.0 中提供的复杂数据控件主要包括以下 7 个。

（1）GridView：是一个全方位的网格控件，能够显示一整张表的数据，它是 ASP.NET 中最为重要的数据控件。

（2）DetailsView：用来一次显示一条记录。

（3）Repeater：生成一系列单个项，可以使用模板定义页面上单个项的布局，在页面运动时，该控件为数据源中的每个项重复相应的布局。

（4）DataList：用来自定义显示各行数据库信息，显示的格式在创建的模板中定义。

（5）FormView：用来一次显示一条记录，与 DetailsView 不同的是，FormView 是基于模板的，可以使布局具有灵活性。

（6）ListView：可以绑定从数据源返回的数据并显示它们，它会按照使用模板和样式定义的格式显示数据。

（7）Chart：Visual Studio 2010 中用来显示图表型数据的新增控件，支持柱状直方图、曲线趋势图、饼状比例图等多种不同图表型数据的显示。

本项目主要介绍 GridView、DetailsView、Repeater、DataList 和 Chart 控件。

6.1.2　知识 2：GridView 控件

早在 ASP.NET 2.0 中，就已经出现了 GridView 控件。GridView 是 DataGrid 的后继控件，在 ASP.NET 4.0 中，GridView 控件的功能和之前版本的基本相同。它是一个多维的数据网格，在 Web 页面中显示数据源中的数据，将数据源中的一行数据，显示在 Web 页面上输出表格中的一行，即将数据源的数据进行绑定显示。GridView 控件具有如下功能。

（1）绑定和显示数据。

（2）对绑定其中的数据进行选择、排序、分布、编辑和删除。

（3）自定义列和样式。

（4）自定义用户界面元素。

（5）在事件处理程序中加入代码来完成与 GridView 控件的交互。

6.1.3　任务：创建学生信息管理系统的信息查询页面

1. 任务要求

创建学生信息管理系统的信息查询页面和结果显示页面，如图 6-1 和图 6-2 所示。

图 6-1　学生信息查询页面

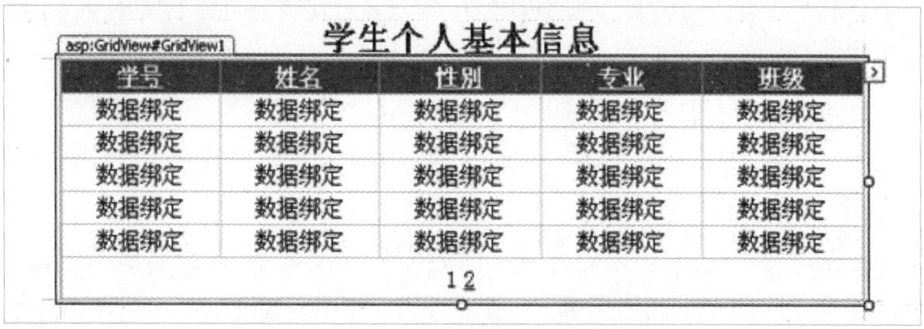

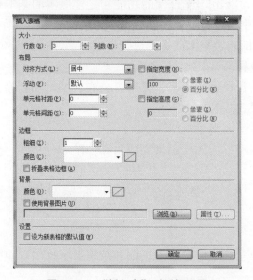

图 6-2   学生信息查询结果页面

提示： 在查询页面中可分别按学号、姓名、性别、专业四种条件或复合条件查询学生的个人的基本信息，然后在结果页面将查询结果显示。

2. 解决步骤

（1）新建 Task6 目录，并在 Task6 中新建一个名称为"StudentMIS"的网站。

（2）在 Task6 目录的 StudentMIS 网站中，添加两个 Web 窗体 6-01-1.aspx 和 6-01-2.aspx。

（3）设计 6-01-1.aspx 的用户界面，如图 6-1 所示。

①在 6-01-1.aspx 的"设计"视图中，打开【表】→【插入表】，打开"插入表"对话框。按照如图 6-3 所示设置行数、列数和对齐方式。

图 6-3   "插入表"对话框设置

②在表格第一行中输入"学生基本信息查询"；在第二行中再用以上方法插入一个四行两列的表格，边框设置为"1"；从"工具箱"中的"标准"工具箱拖动两个"Button"控件在第三行中。

③在内层表格中，从"工具箱"的"标准"工具箱中拖动四个"Label"控件分别放到表格第一列的四行中；拖动三个"TextBox"控件分别放到表格第二列的第一、第二、第四行；拖动一个"DropDownList"控件到第二列的第三行，在表格下面。

④设置各个控件的属性，如表 6-1 所示。

表 6-1　　"6.1.3 任务"各控件属性设置

控件	属性	说明
TextBox1	ID：xh	用于接收用户输入的学号
TextBox2	ID：xm	用于接收用户输入的姓名
TextBox3	ID：zy	用于接受用户输入的专业
DropDownList1	ID：xb Items：男，女	供用户选择性别
Label1	ID：Label_xh Text：学号	显示学生的"学号"
Label2	ID：Labe2_xm Text：姓名	显示学生的"姓名"
Label3	ID：Labe3_xb Text：性别	显示学生的"性别"
Label4	ID：Labe4_zy Text：专业	显示学生的"专业"
Button1	ID：Button_Select Text：查询	单击该按钮，执行学生信息的查询
Button2	ID：Button_Cancel Text：取消	单击该按钮，取消所有输入

（4）在 6-01-1.aspx 的"设计视图"中，双击 Button_Select 控件，则在 6-01-1.aspx.cs 文件中自动添加了此按钮的 Click 事件处理程序，在这个事件处理程序中添加程序代码如下。

```
protected void Button1_Click(object sender， EventArgs e)
{
    //判断用户是否输入信息
    if (xh.Text.Trim() == "" && xm.Text.Trim() == "" && xb.SelectedValue.Trim() == "请选择" &&
zy.Text.Trim() == "")
    Response.Write("<script>alert('请输查找项')</script>");
    Else
    //获取输入信息并重定向到 6-01-2.aspx 页面
    Response.Redirect("6-01-2.aspx?xh=" + xh.Text.Trim() + "&xm=" + xm.Text.Trim() + "&xb=" +
xb.SelectedValue.Trim() + "&zy=" + zy.Text.Trim() + "");
}
```

（5）在 Task6 目录的 StudentMIS 网站中，添加一个 Web 窗体 6-01-2.aspx。在 6-01-2.aspx 的设计模式下，添加一个两行一列的表格。表格第一行输入"学生个人基本信息"。在表格第二行中，从"工具箱"中的"数据"工具箱拖放一个 GridView 控件，然后设置 GridView 的属性：AllowPaging（允许分页显示）属性和 AllowSorting（允许排序）属性设置为 true，PageSize（每页显示最大行数）属性设置为 5，AutoGenerateColumns（允许自动生成列）属性设置为 false，PagerStyle 属性和 RowStyle 属性的 HorizontalAlign 子属性设置为 Center。

（6）鼠标右键点击窗体中的 GridView 控件，选择"显示智能标记"或者直接点击 GridView 控件右上方的小箭头（即显示智能标记快捷键），则出现 GridView 任务如图 6-4 所示。

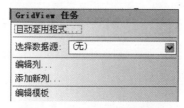

图 6-4　GridView 任务面板

（7）选择 GridView 任务的编辑列，则显示字段编辑窗体如图 6-5 所示。

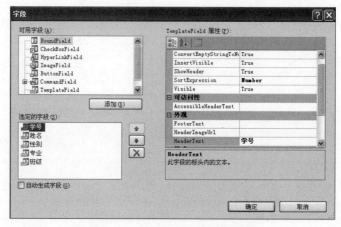

图 6-5　GridView 字段编辑窗体

（8）在字体编辑窗体中，添加五个 TemplateField，并分别设置这五个 TemplateField 的 HeaderText 属性为学号、姓名、性别、专业、班级；分别设置 SortExpression 属性为 Number、Name、Sex、ProfessionName、Class，如图 6-5 所示。

（9）鼠标右键点击窗体中的 GridView 控件，选择编辑模板，分别对每一列进行编辑，如图 6-6 所示。

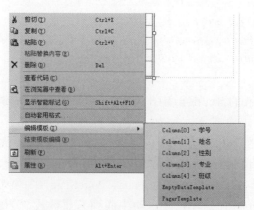

图 6-6　"编辑模板"设置

（10）将工具箱"标准"中的 Literal 控件拖到每个项模板的 ItemTemplate 中，并分别设置其 ID 属性为 xh、xm、xb、zy、bj，如图 6-7 所示。

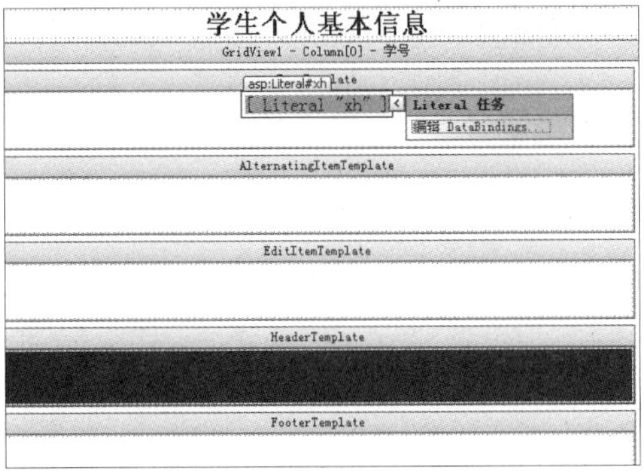

图 6-7 "项模板"编辑窗体

（11）点击项模板中 Literal 控件右上角的小箭头，选择编辑 DataBindings，如图 6-8 所示。分别对每个项都设置其绑定表达式为：Eval("Number")、Eval("Name")、Eval("Sex")、Eval("ProfessionName")、Eval("Class")。

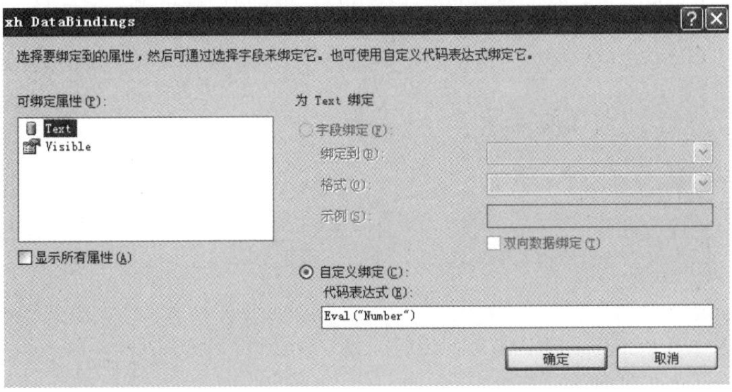

图 6-8 "属性绑定"窗体

（12）选择 GridView 智能标记的"自动套用格式"，将出现"自动套用格式"窗体，设置选择方案为"雪松"，配置完 GridView 之后将显示如图 6-9。

图 6-9 "自动套用格式"窗体

（13）在 6-01-2.aspx.cs 页面中引入命名空间。

using System.Data.SqlClient;using System.Data;

（14）6-01-2.aspx.cs 页面的 Page_Load 函数代码如下。

```
protected void Page_Load(object sender， EventArgs e)
{
    // 非页面回发
    if (!Page.IsPostBack)
    {
        // 设置页面两个隐藏参数，"field"为 GridView 中要进行排序的字段，"type"为排序的
        // 方式
        ViewState["field"] = "Number";
        ViewState["type"] = "asc";
        // 调用数据绑定函数
        MyDataBind();
    }
}
```

（15）6-01-2.aspx.cs 页面的 MyDataBind() 函数代码如下。

```
private void MyDataBind()
{
    // 获取 6-01-1.aspx 页面传入的参数
    String xh， xm， xb， zy;
    xh = Request["xh"];
    xm = Request["xm"];
    xb = Request["xb"];
    zy = Request["zy"];
    // 根据传入参数的不同，设置不同条件的 SQL 语句
    String where=null;
    if (xh != "")
        where = " number='"+xh+"'" ;
    else if(xh == "" && xm != "" && xb != "" && zy != "")
    where = "Name='" + xm + "' and Sex='" + xb + "' and ProfessionName='" + zy + "'";
    else if (xh == "" && xm == "" && xb != "" && zy != "")
        where = " Sex='" + xb + "' and ProfessionName='" + zy + "'";
    else if (xh == "" && xm == "" && xb == "" && zy != "")
        where = " ProfessionName='" + zy + "'";
    else if (xh == "" && xm == "" && xb != "" && zy == "")
        where = " Sex='" + xb + "' ";
    else if (xh == "" && xm != "" && xb == "" && zy == "")
        where = "Name='" + xm + "'";
    // 设置连接字符串
    string connstr = "server=.;Integrated Security=true;database= StudentDB ";
    // 创建 Connection 对象
    SqlConnection conn = new SqlConnection(connstr);
    try
```

```
      {
      // 创建数据适配器 da
      SqlDataAdapter da = new SqlDataAdapter("select Number，Name，Sex，ProfessionName，Class from Student
where "+where，conn);
      // 创建 DataSet 对象 ds
      DataSet ds = new DataSet();
      // 利用数据适配器填充 ds
      da.Fill(ds);
      // 以 DataSet 对象 ds 的第一张 DataTable 的默认显示方式创建 DataView 对象
      DataView dv = ds.Tables[0].DefaultView;
      // 设置 DataView 的排序方式
      dv.Sort = ViewState["field"].ToString()+ " " + ViewState["type"].ToString();
      // 将 DataView 对象 dv 作为 GridView 控件的数据源进行数据绑定
      GridView1.DataSource = dv;
      GridView1.DataBind();
      }
      catch (Exception ex)
      {
      Response.Write(ex.Message);
      }
     finally
     {
        conn.Close();
        conn.Dispose();
        conn = null;
      }
    }
```

（16）双击 GridView1 的 "PageIndexChanging" 事件，将在 6-01-2.aspx.cs 中自动生成 GridView1_PageIndexChanging 函数，添加分页显示代码如下。

```
protected void GridView1_PageIndexChanging(object sender， GridViewPageEventArgs e)
{
    GridView1.PageIndex = e.NewPageIndex;
    MyDataBind();
}
```

（17）双击 GridView1 的 "Sorting" 事件，将在 6-01-2.aspx.cs 中自动生成 GridView1_Sorting 函数，添加排序代码如下。

```
protected void GridView1_Sorting(object sender， GridViewSortEventArgs e)
{
    // 设置 GridView 排序参数
    ViewState["field"] = e.SortExpression;
    // 如果原来排序为增，则设置为降序，反之设置为增
    if (ViewState["type"].ToString() == "asc")
    {
        ViewState["type"] = "desc";
    }
    else
```

```
    {
      ViewState["type"] = "asc";
    }
    MyDataBind();
}
```

（18）运行学生信息查询页面 6-01-1.aspx，只选择性别为“男”的学生进行查询，如图 6-10 所示，查询结果如图 6-11 所示。

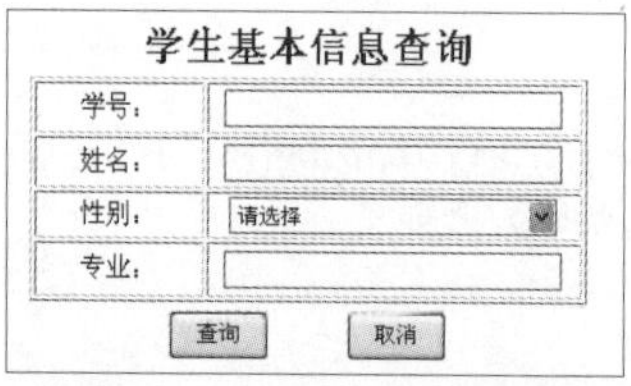

图 6-10　学生信息查询页面

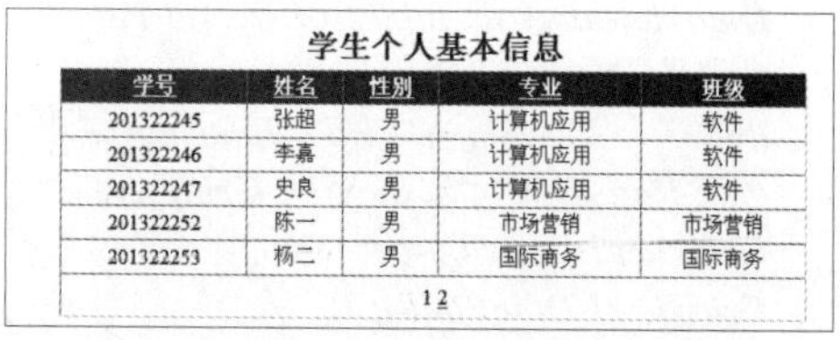
学生个人基本信息

学号	姓名	性别	专业	班级
201322245	张超	男	计算机应用	软件
201322246	李嘉	男	计算机应用	软件
201322247	史良	男	计算机应用	软件
201322252	陈一	男	市场营销	市场营销
201322253	杨二	男	国际商务	国际商务

1 2

图 6-11　学生信息结果显示页面

6.1.4　实训：创建办公自动化系统的人事档案查询页面

实训要求：

创建两个页面，一个页面用于输入人事档案查询信息，另一个页面用于显示人事档案查询结果。查询时，运行用户可根据职员姓名、性别、年龄或部门进行查询，显示结果页面要求用 GridView 控件实现，并实现分页和排序的功能。

6.2　掌握利用 GridView 控件管理数据

6.2.1　任务：创建学生信息管理系统的信息管理页面

1. 任务要求

创建学生信息管理系统的信息管理页面，如图 6-12 所示。

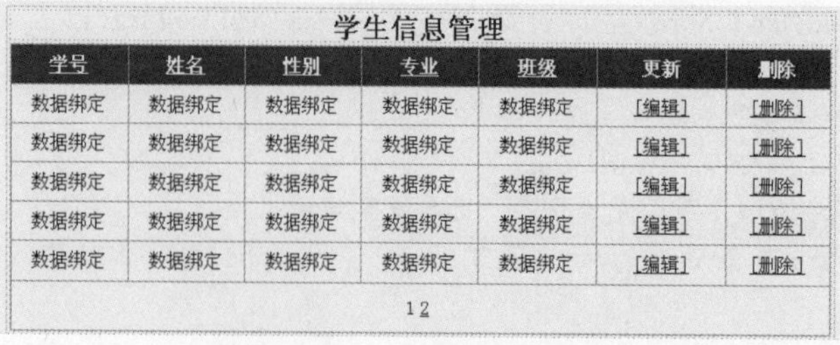
学生信息管理

学号	姓名	性别	专业	班级	更新	删除
数据绑定	数据绑定	数据绑定	数据绑定	数据绑定	[编辑]	[删除]
数据绑定	数据绑定	数据绑定	数据绑定	数据绑定	[编辑]	[删除]
数据绑定	数据绑定	数据绑定	数据绑定	数据绑定	[编辑]	[删除]
数据绑定	数据绑定	数据绑定	数据绑定	数据绑定	[编辑]	[删除]
数据绑定	数据绑定	数据绑定	数据绑定	数据绑定	[编辑]	[删除]

1 2

图 6-12　学生信息管理页面

要求：在“6.1.3 任务”的查询结果页面基础上，增加更新和删除两列，实现对学生个人基本信息的管理。

2. 解决步骤

（1）在 Task6 目录的 StudentMIS 网站中，添加 Web 窗体 6-02-1.aspx 和 6-02-2.aspx，并按照"6.1.3 任务"的 6-01-1.aspx 窗体设计方法，实现 6-02-1.aspx 窗体。

（2）设置 GridView 的 DataKeyName 属性为：Number。

（3）鼠标右击 GridView 控件，选择"智能标记"，在 GridView 任务面板中，选择"编辑列"，在字段编辑窗体中，添加两个 TemplateField 字段，分别设置其 HeaderText 属性为"更新"和"删除"。

（4）鼠标右击 GridView 控件，选择"编辑模板"，然后选择"更新"列，得到如图 6-13 所示的模板编辑界面，在工具箱中拖一个 LinkButton 到 ItemTemplate，拖两个 LinkButton 到 EditItemTemplate 中，并设置其 CommandName 属性分别为：Edit、Update、Cancel；Text 属性分别为：［编辑］、［更新］、［取消］；ID 属性分别为 LinkButton_Edit、LinkButton_Update、LinkButton_Cancel。

（5）在模板列"姓名"编辑面板中，将工具箱的 TextBox 控件拖到 EditItem-Template 中，设置其 ID 为 TextBox_xm，并对其"DataBindings"进行绑定，表达式为：Bind("Name")，如图 6-14 所示。根据同样方法，分别将 TextBox 控件添加到模板列"性别""专业""班级"的 EditItemTemplate 中，并分别设置其 ID 为 TextBox_xb、TextBox_zy、TextBox_bj，绑定表达式分别为：Bind("Sex")、Bind("Profession-Name")、Bind("Class")。

图 6-13 "编辑模板"的"更新"列

图 6-14 "编辑模板"的"姓名"列

（6）双击 GridView 的 RowEditing 事件，将会自动在 6-02-2.aspx.cs 中生成 GridView1_RowEditing 函数，添加代码如下。

```
protected void GridView1_RowEditing(object sender，GridViewEditEventArgs e)
{
    //设置编辑行的索引
    GridView1.EditIndex = e.NewEditIndex;
    MyDataBind();
}
```

（7）双击 GridView 的 RowCancelingEdit 事件，将会自动在 6-02-2.aspx.cs 中生成 GridView1_RowCancelingEdit 函数，添加代码如下。

```
protected void GridView1_RowCancelingEdit(object sender，GridViewCancelEditEventArgs e)
{
    //结束编辑
    GridView1.EditIndex = -1;
    MyDataBind();
}
```

（8）双击 GridView 的 RowUpdating 事件，将会自动在 6-02-2.aspx.cs 中生成 GridView1_RowUpdating 函数，添加代码如下。

```
protected void GridView1_RowUpdating(object sender，GridViewUpdateEventArgs e)
{
    // 获取要更新的字段值
    string xm = ((TextBox)GridView1.Rows[e.RowIndex].FindControl("TextBox_xm")).Text;
    string xb = ((TextBox)GridView1.Rows[e.RowIndex].FindControl("TextBox_xb")).Text;
    string zy = ((TextBox)GridView1.Rows[e.RowIndex].FindControl("TextBox_zy")).Text;
    string bj = ((TextBox)GridView1.Rows[e.RowIndex].FindControl("TextBox_bj")).Text;
    string xh = GridView1.DataKeys[e.RowIndex].Value.ToString();
    //设置连接字符串
    string connstr = "server=.;Integrated Security=true;database= StudentDB ";
    // 创建 Connection 对象
    SqlConnection conn = new SqlConnection(connstr);
    try
    {
        SqlCommand cmd = new SqlCommand("update student set Number = '" + xh + "',Sex = '" + xb + "',
ProfessionName='" + zy + "'，Class='" + bj + "' where Number = " + xh，conn);
        if (conn.State != ConnectionState.Open)
        {
            conn.Open();
        }
        cmd.ExecuteNonQuery();
        GridView1.EditIndex = -1;// 结束编辑
        MyDataBind();
    }
    catch (Exception ex)
```

```
    {
      Response.Write(ex.Message);
    }
    finally
    {
      conn.Close();
      conn.Dispose();
      conn = null;
    }
  }
```

（9）双击 GridView 的 RowDeleting 事件，将会自动在 6-02-2.aspx.cs 中生成 GridView1_RowDeleting 函数，添加代码如下。

```
protected void GridView1_RowDeleting(object sender，GridViewDeleteEventArgs e)
{
  string xh = GridView1.DataKeys[e.RowIndex].Value.ToString();
  //设置连接字符串
  string connstr = "server=.;Integrated Security=true;database=StudentDB ";
  //创建 Connection 对象
  SqlConnection conn = new SqlConnection(connstr);
  try
  {
    SqlCommand cmd = new SqlCommand("delete student where number = " + xh，conn);
    if (conn.State != ConnectionState.Open)
    {
      conn.Open();
    }
    cmd.ExecuteNonQuery();
    GridView1.EditIndex = -1;//结束编辑
    MyDataBind();
  }
  catch (Exception ex)
  {
  Response.Write(ex.Message);
  }
  finally
  {
  conn.Close();
  conn.Dispose();
  conn = null;
  }
}
```

（10）双击 GridView 的 RowDataBound 事件，将会自动在 6-02-2.aspx.cs 中生成 GridView1_RowDataBound 函数，添加代码如下。

```
protected void GridView1_RowDataBound(object sender，GridViewRowEventArgs e)
```

```
{
  // 若数据绑定行的索引大于等于 0，则给每一行的"删除"按钮增加"点击"弹出提示对话框事件
  if (e.Row.RowIndex >=0)
  {
    LinkButton lb = (LinkButton)e.Row.FindControl("LinkButton_delete");
    lb.Attributes.Add("onclick"，"return confirm('你确定要删除数据吗？')");
  }
}
```

（11）运行学生信息管理页面 6-02-2.aspx，如图 6-15 所示，在该页面的 GridView 控件中可对每一行数据进行更新和删除。

学生信息管理

学号	姓名	性别	专业	班级	更新	删除
201322245	张超	男	计算机应用	软件	[更新] [取消]	[删除]
201322246	李嘉	男	计算机应用	软件	[编辑]	[删除]
201322247	史良	男	计算机应用	软件	[编辑]	[删除]
201322252	陈一	男	市场营销	市场营销	[编辑]	[删除]
201322253	杨二	男	国际商务	国际商务	[编辑]	[删除]

1 2

图 6-15   学生信息管理页面

6.2.2   实训：创建办公自动化系统的人事档案管理页面

实训要求：

创建办公自动化系统的人事档案管理页面，用于管理人事档案信息。要求具有在线编辑数据、删除数据的功能。

6.3   掌握 DetailsView 控件的使用

6.3.1   知识：DetailsView 控件

GridView 主要的功能是显示数据，同时也能够对数据进行一些简单的操作，如删除和编辑数据。但是实际情况中，通过列表的方式对数据进行修改并不是通常采用的方式，这种方式有两个明显的局限，一是当字段比较多的时候修改困难，二是对于内容较为复杂的字段也难以编辑。所以常常使用 DetailsView 控件来新增和编辑数据，以弥补 GridView 这类表格控件的不足。

6.3.2　任务：利用 DetailsView 创建学生信息管理系统的信息管理页面

1. 任务要求

创建学生信息管理系统的学生信息管理页面，如图 6-16 所示。

要求：在管理页面中可分别对每个学生的基本信息进行编辑，删除，还可以新增学生记录。

2. 解决步骤

（1）在 Task6 目录的 StudentMIS 网站中，　添加 Web 窗体 6-03.aspx。

（2）在窗体 6-03.aspx 的设计模式下，从工具箱的"数据"中将一个 DetailsView 控件拖到用户界面，如图 6-17 所示，并设置其 HeaderText 属性为"学生信息管理"。再点击其右上角的小箭头，在显示的 DetailsView 任务面板中选择"新建数据源"。

图 6-16　学生信息管理页面

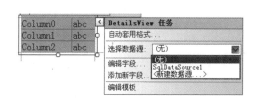

图 6-17　DetailsView 任务面板

（3）在"数据源配置向导"中，选择从"数据库"中获取数据，并为数据源指定 ID，如图 6-18 所示。

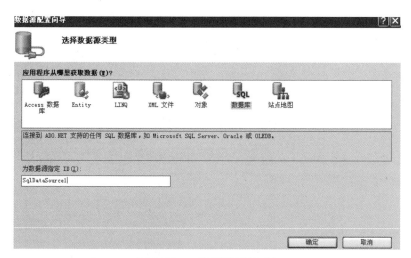

图 6-18　数据源配置向导

（4）在"添加连接"窗体中，指定服务器为本地服务器，然后选择 StudentDB 数据库，如图 6-19 所示。

图 6-19   "添加连接"窗体

图 6-20   "配置数据源"窗体

（5）添加完连接之后，一直点击"下一步"，直到"配置数据源"窗体出现，如图 6-20 所示。选择 Student 表的列：ID、Number、Name、Sex、ProfessionName、Class，然后选择"高级"按钮，出现如图 6-21 所示的"高级 SQL 生成选项"窗体，将"生成 INSERT、UPDATE 和 DELETE 语句"一项勾选。

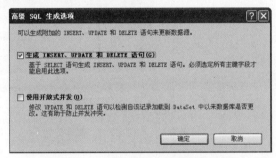

图 6-21   "高级 SQL 生成选项"窗体

（6）数据源配置成功之后，在 DetailsView 任务面板中，选择"启用分页""启用插入""启用编辑"和"启用删除"，如图 6-22 所示，并选择"自动套用格式"方案为"雪松"。

图 6-22   DetailsView 任务面板

（7）选择 DetailsView 面板的编辑字段，更改"选定的字段"的 HeaderText 属性，分别改为"学号""姓名""性别""专业"，如图 6-23 所示。

图 6-23　　"字段"编辑窗体

（8）运行 6-03.aspx 窗体，结果如图 6-24 所示，在该页面中可以对每一个学生的信息进行编辑、删除和新建。

图 6-24　　学生信息管理页面

6.3.3　实训：利用 DetailsView 创建办公自动化系统的人事档案管理页面

实训要求：

创建一个人事档案管理页面，用于对所显示的所有职员信息进行新增、编辑和删除。要求用 DetailsView 控件实现以上功能。

6.4　掌握 Repeater 控件的使用

6.4.1　知识：Repeater 控件

Repeater 控件是一个可以遍历数据的容器，它是"无外观的"，即：它不具有任何内置布局或样式，也就不会产生任何数据控制表格来控制数据的显示。因此，必须在控件的模板中明确声明所有 HTML 布局标记、格式标记和样式标记。

Repeater 可显示整个表的数据，不像 DetailsView 只可显示一行记录，它完全根据程序员的样式设计进行显示数据。Repeater 使用的数据模板如表 6-2 所示。

表 6-2　　Repeater 的数据模板

模板名	描述	是否可选参数
ItemTemplate	数据模板	必须
AlternatingItemTemplate	隔行数据模板	可选
SeparatorTemplate	分割线模板	可选
HeaderTemplate	抬头模板	可选
FooterTemplate	结尾模板	可选

6.4.2　任务：使用 Repeater 显示学生信息查询页面

1. 任务要求

设计一个页面，利用 Repeater 控件显示学生信息查询结果。

2. 解决步骤

（1）在 Task6 目录的 StudentMIS 网站中，添加一个 Web 窗体 6-04.aspx。

（2）在工具箱中的"数据"中，将 Repeater 控件拖到 6-04.aspx 页面中。

（3）切换到 HTML 模式中，在 `<asp:Repeater id="Repeater1" runat="server">` 与 `</asp:Repeater>` 标签之间添加如下代码。

```
<HeaderTemplate>
    <h3> 学生个人基本信息 </h3>
</HeaderTemplate>
<ItemTemplate>
    <li>
    <%#DataBinder.Eval(Container.DataItem，"Number")%>
    <%#DataBinder.Eval(Container.DataItem，"Name")%>
    <%#DataBinder.Eval(Container.DataItem，"Sex")%>
    <%#DataBinder.Eval(Container.DataItem，"ProfessionName")%>
    <%#DataBinder.Eval(Container.DataItem，"Class")%>
    </li>
</ItemTemplate>
```

（4）在 6-04.aspx.cs 中添加命名空间 using System.Data.SqlClient;using System.Data。

（5）在 Page_Load 函数体内添加如下代码。

```
String connstr = "server=.;Integrated Security=true;database=StudentDB";
    SqlConnection myConnection = new SqlConnection(connstr);
    String querystr = "select distinct * from Student ";
    // 创建 DataAdapter 对象
    SqlDataAdapter myDataAdapter = new SqlDataAdapter(querystr，
myConnection);
    // 创建 DataSet 对象
    DataSet myDataSet = new DataSet();
```

myDataAdapter.Fill(myDataSet);

myConnection.Close();

// 设置 Repeater 对象的数据源

Repeater1.DataSource = myDataSet.Tables[0];

// 绑定 Repeater 控件

Repeater1.DataBind();

（6）运行结果如图 6-25 所示。

学生个人基本信息

- 201322212 李四　女　会计与审计　会计与审计
- 201322252 陈一　男　市场营销　市场营销
- 201322253 杨二　男　国际商务　国际商务
- 201322211 李欣　女　会计与审计　会计与审计
- 201322219 李常　女　会计与审计　会计与审计
- 201322213 李糖　女　会计与审计　会计与审计
- 201322244 李欢　女　会计与审计　会计与审计
- 201322234 李裳　女　会计与审计　会计与审计
- 201322236 李四　女　会计与审计　会计与审计
- 201322243 张灿　女　计算机应用　软件
- 201322249 钟爱　女　计算机应用　软件
- 201322245 张超　男　计算机应用　软件
- 201322246 李嘉　男　计算机应用　软件
- 201322247 史良　男　计算机应用　软件
- 201322259 陈换　男　市场营销　市场营销

图 6-25　　Repeater 控件显示学生个人基本信息

6.4.3　实训：利用 Repeater 创建办公自动化系统的人事档案查询页面

实训要求：

创建人事档案查询页面，用于显示所有职员的信息。要求用 Repeater 控件实现以上功能。

6.5　掌握 DataList 控件的使用

6.5.1　知识：DataList 控件

DataList 是一个可重复操作的控件。也就是说，它通过使用模板显示一个数据源的内容，只需配置这些模板，数据会按模板中定义好的内容自动重复显示相应的内容。DataList 控件可以自由的方式显示数据，比如可以在 1 行显示多条记录。DataList 提供了三种不同类型的模板来控制显示界面的不同方面。

（1）标题和页脚模板

HeaderTemplate 模板：如果定义 HeaderTemplate 模板，则确定列表标题的内容和布局。

FooterTemplate 模板：如果定义 FooterTemplate 模板，则确定列表脚注的内容和布局。

（2）项模板

决定数据列表中列的内容，允许选择设置奇数行、偶数行、被选中行或者编辑行的外观，在这个模板中定义的内容，会根据有多少条数据，就重复多少次。

ItemTemplate：定义列表中项目的内容和布局，此项为必选。

AlternatingItemTemplate：如果定义该模板，则确定交替项的内容和布局。

（3）分隔行模板

可以在数据行之间添加规则行或其他分隔符。

SeparatorTemplate：如果定义该模板，则在各个项目（以及替换项）之间呈现分隔符。

6.5.2   任务：使用 DataList 显示学生信息查询页面

1. 任务要求

设计一个页面，利用 DataList 控件显示学生信息查询结果。

2. 解决步骤

（1）在 Task6 目录的 StudentMIS 网站中，添加一个 Web 窗体 6-05.aspx。

（2）在工具箱中的"数据"中，将 DataList 控件拖到 6-05.aspx 页面中。

（3）设置 DataList 控件的 RepeatColumns 属性为 3，使其一行显示三条记录。

（4）点击 DataList 控件右上角的小箭头，打开 DataList 任务面板，设置其自动套用格式为"雪松"，然后选择"编辑模板"，选择显示：HeaderTemplate，在 HeaderTemplate 中输入"学生个人基本信息"，如图 6-26 所示。

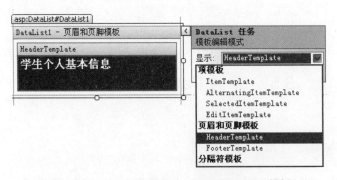

图 6-26   DataList 任务的 HeaderTemplate 模板

（5）再选择显示 ItemTemplate，在 ItemTemplate 中放置四个 Label 控件并输入如图 6-27 所示的项模板信息，再分别对四个 Lable1 控件进行数据绑定，绑定表达式分别为：Eval("Name")、Eval("Number")、Eval("ProfessionName") 和 Eval("Class")。

（6）在 6-05.aspx.cs 中添加命名空间：using System.Data.SqlClient;using System.Data。

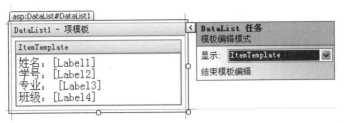

图 6-27　DataList 任务的 ItemTemplate 模板

（7）在 Page_Load 函数体内添加以下代码。

String connstr = "server=.;Integrated Security=true;database=StudentDB";

SqlConnection myConnection = new SqlConnection(connstr);

*String querystr = "select distinct * from Student ";*

// 创建 DataAdapter 对象

SqlDataAdapter myDataAdapter = new SqlDataAdapter(querystr，

myConnection);

// 创建 DataSet 对象

DataSet myDataSet = new DataSet();

myDataAdapter.Fill(myDataSet);

myConnection.Close();

// 设置 DataList 对象的数据源

DataList1.DataSource = myDataSet.Tables[0];

// 绑定 DataList 控件

DataList1.DataBind();

（8）运行 6-05.aspx，结果如图 6-28 所示。

图 6-28　DataList 显示学生个人基本信息

6.5.3　实训：利用 DataList 创建办公自动化系统的人事档案查询页面

实训要求：

创建人事档案查询页面，用于显示所有职员的信息。要求用 DataList 控件实现以上功能。

6.6   掌握其他数据绑定控件的使用

6.6.1   知识：Chart 控件

Chart 控件是 Visual Studio 2010 中新增的一个图表型控件，该控件在 Visual Studio 2008 中已经出现，但需要通过下载然后将它注册配置到 Visual Studio 2008 的工具箱中才能使用。而在 Visual Studio 2010 中，Chart 控件不需要手动下载和注册则可以直接使用。在 Visual Studio 2010 开发环境的工具箱"数据"项下，已经存在一个新的内置 Chart 控件，如图 6-29 所示。

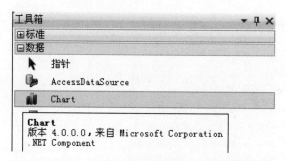

图 6-2   工具箱

Chart 控件功能非常强大，提供直观的柱状直方图、曲线走势图、饼状比例图等，也可以是混合图表、二维或三维图表，可以带或不带坐标系，可以自由配置各条目的颜色、字体等。声明一个 Chart 控件的代码如下所示。

<asp:Chart ID="Chart1" runat="server" >
  <Series>
    <asp:Series Name="Series1"></asp:Series> // 定义名为 Series1 数据显示列
  </Series>
  <ChartAreas> // 定义名为"ChartArea1"的绘图区域
    <asp:ChartArea Name="ChartArea1"></asp:ChartArea>
  </ChartAreas>
  <Annotations>   </Annotations>
  <Legends>   </Legends>
  <Titles>   </Titles>
</asp:Chart>

通过 Chart 控件的代码可看出，Chart 控件主要由以下 5 部分组成。

① Annotations（图形注解集合）：它是对图形的以下注解对象的集合。

② ChartAreas（图表区域集合）：它是一个图表的绘图区。绘图区域只是一个可以绘图的区域范围，它本身并不包括各种属性数据。

③ Legends（图例集合）：即标注图形中各个线条或颜色的含义，一个图片可以包

括多个图例说明，分别说明各个绘图区域的信息。

④Series（图表序列集合）：图表序列，指实际的绘图数据区域，实际呈现的图形形状、样式、独立的数据等。

⑤Titles（图表标题集合）：它用于图表的标题设置，同样可以添加多个标题，以及设置标题的样式及文字、位置等属性。

6.6.2　任务：使用 Chart 控件显示学生单科成绩对比图

1.任务要求

设计一个页面，利用 Chart 控件显示学生单科成绩对比图。

2.解决步骤

（1）在 Task6 目录的 StudentMIS 网站中，添加一个 Web 窗体 6-06.aspx。

（2）在工具箱中的"数据"中，将 Chart 控件拖到 6-06.aspx 页面中。

（3）点击 Chart 控件右上角的小箭头，打开 Chart 任务面板，点击"新建数据源"，如图 6-30 所示。

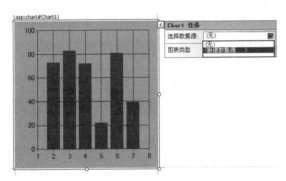

图 6-30　Chart 任务面板

（4）在数据源配置向导中，选择"数据库"，点击"确定"，如图 6-31 所示。

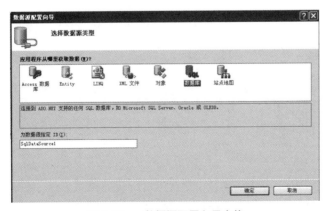

图 6-31　数据源配置向导窗体

（5）在配置数据连接窗体中，选择使用已建立的"StudentDBConnectionString"连接字符串，若没有已建立的字符串，则需要新建连接，如图 6-32 所示。

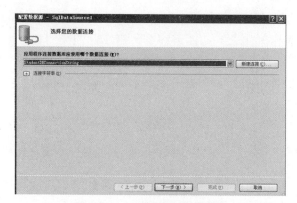

图 6-32　　配置数据连接窗体

（6）在配置 Select 语句窗体中，选择成绩表"Score"，然后勾选"Name"和"Score"字段，再点击"WHERE"按钮，如图 6-33 所示。

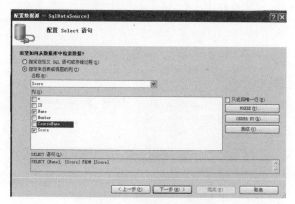

图 6-33　　配置 Select 窗体

（7）在添加 WHERE 子句窗体中，列选择"CourseName"，运行符选择"="，源选择"None"，参数属性的值输入"会计与审计"，再点击"添加"按钮，如图 6-34 所示。

（8）最后回到 Chart 任务面板中，将图表类型选择为"Column"，X 值成员选择"Name"，Y 值成员选择"Score"，如图 6-35 所示。

（9）代码的运行效果，如图 6-36 所示。

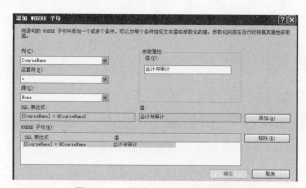

图 6-34　　添加 Where 子句窗体

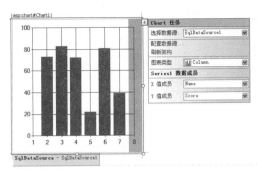

图 6-35 Chart 任务面板设置

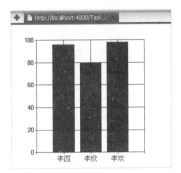

图 6-36 运行效果图

6.6.3 拓展：其他数据绑定控件——DropDownList

1.拓展知识

下拉列表控件 DropDownList 是常见的数据绑定控件之一，它往往结合其他数据绑定控件一起使用。当 DropDownList 选择的内容变化时，其他数据绑定控件（如 GridView、DataList 等）的数据也随之变化。

如图 6-37 所示，当 DropDownList 的学号发生变化时，对应的 GridView 控件的学生信息也跟随变化。设计界面如图 6-38 所示。

图 6-37 学生信息查询页面

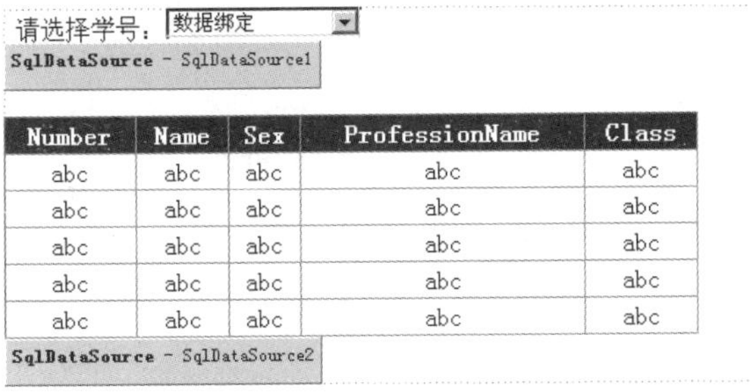

图 6-38 学生信息查询设计页面

2.设计步骤

（1）在 Task6 目录的 StudentMIS 网站中，添加一个 Web 窗体 Extension1.aspx。

（2）将工具箱中的"标准"中的 DropDownList 控件和"数据"中的 GridView 控件拖到 Extension1.aspx 设计页面中。

（3）点击 DropDownList 右上角的小箭头，在出现的 DropDownList 任务面板中，勾选"启用 AutoPostBack"，如图 6-39 所示，然后点击"选择数据源"。

（4）在数据源配置向导中选择新建数据源，然后选择从数据库里获取数据，在弹出的"配置数据源窗体"中，选择已建好的"StudentDBConnectionString"，如图 6-40 所示。

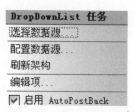

图 6-39　　DropDownList 任务面板

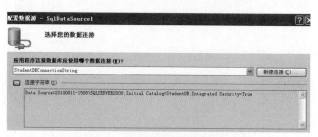

图 6-40　　"数据连接配置"界面

（5）在"配置 Select 语句"中选择"指定来自表或视图的列"，然后选择"Student"表，并勾选对应的"Number"列和"只返回唯一行"选项，如图 6-41 所示。

图 6-41　　"配置 Select 语句"界面

（6）配置数据源完成之后，将会返回到"选择数据源"界面，在这界面选中刚建好的 SqlDataSource1 数据源，并选择在 DropDownList 中显示的数据字段和值字段都为"Number"，如图 6-42 所示。

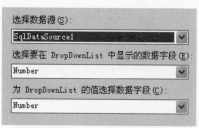

图 6-42　　"配置数据源"界面

（7）点击 GridView 右上角的小箭头，出现 GridView 任务面板，在"选择数据源"下拉列表中选择"新建数据源"，按照步骤 4 相同的方法建立数据连接，"在配置 Select 语句"界面中选择"Student"表，选择"Student"表的"ID""Number""N ame"" "Sex"" "ProfessionName"" "Class" 列，并选中"只返回唯一行"选项，然后点击 "WHERE" 按钮，在出现的"添加 WHERE 子句"界面中进行如图 6-43 所示的配置，并点击"添加"按钮。

图 6-43 "添加 Where 子句"界面

（8）最后设置 GridView 的自动套用格式为"雪松"，则运行结果如图 6-37 所示。

习 题

一、选择题

1. 常用的数据绑定控件有（　　　）。

　（A）Connection 　　（B）DataList 　　（C）Repeater 　　（D）GridView

2. GridView 控件中设置（　　　）属性为 true，便可对数据进行动态排序。

　（A）AllowSort 　　　　　　　　（B）AllowListing

　（C）AllowOrdering 　　　　　　（D）AllowSorting

3. GridView 控件中，可利用（　　　）列类型来实现自定义模板列功能。

　（A）CheckBoxField 　　　　　　（B）ButtonField

　（C）TemplateField 　　　　　　（D）ImageField

4. DetailsView 控件可以对绑定数据进行（　　　）。

　（A）添加 　　　　（B）修改 　　　　（C）删除 　　　　（D）还原

5. DataList 控件中的（　　　）模板决定数据列表中列的内容。

　（A）HeaderTemplate 　　　　　　（B）ItemTemplate

　（C）SeparatorTemplate 　　　　　（D）Template

6. Repeater 控件中绑定姓名字段 Name，应使用（　　　）语句。

　（A）Binder("Name") 　　　　　　（B）DataBinder（"Name"）

　（C）Eval("Name") 　　　　　　　（D）Data("Name")

二、操作题

开发远程教学网站的留言板，实现课程论坛功能

设计远程教学网站的课程论坛子系统。要求学生登录后可以通过论坛给教师留言，而教师则可以通过论坛查看学生的留言，并针对具体问题进行答疑。

项目七　使用 LINQ 访问数据库

学习目标

☆ 理解 LINQ
☆ 掌握 LinqDataSource 控件的使用
☆ 掌握 QueryExtender 控件的使用

7.1　了解 LINQ

7.1.1　知识：LINQ 介绍

LINQ 是 Language Integrated Query 的简称，是 Visual Studio 2008 和 .NET Framework 3.5 版中引入的一项创新功能，它在对象领域和数据领域之间架起了一座桥梁。它是集成在 .NET 编程语言中的一种特性，已成为编程语言的一个组成部分，在编写程序时可以得到很好的编译时语法检查，丰富的元数据，智能感知、静态类型等强类型语言的好处。并且它同时还使得查询可以方便地对内存中的信息进行查询而不仅仅只是外部数据源。

LINQ 定义了一组标准查询操作符用于在所有基于 .NET 平台的编程语言中更加直接地声明跨越、过滤和投射操作的统一方式，标准查询操作符允许查询作用于所有基于 IEnumerable<T> 接口的源，并且它还允许适合于目标域或技术的第三方特定域操作符来扩大标准查询操作符集，更重要的是，第三方操作符可以用它们自己的提供附加服务的实现来自由地替换标准查询操作符，根据 LINQ 模式的习俗，这些查询喜欢采用与标准查询操作符相同的语言集成和工具支持。

LINQ 查询既可在新项目中使用，也可在现有项目中与非 LINQ 查询一起使用。唯一的要求是项目应面向 .NET Framework 3.5 或更高版本。

LINQ 包括五个部分：LINQ to Objects、LINQ to DataSets、LINQ to SQL、LINQ to Entities、LINQ to XML。

LINQ to SQL 全称是基于关系数据的 .NET 语言集成查询，用于以对象形式管理关系数据，并提供了丰富的查询功能。其建立于公共语言类型系统中的基于 SQL 的模式定义的集成之上，当保持关系型模型表达能力和对底层存储的直接查询评测的性能时，这个集成在关系型数据之上提供强类型。LINQ to SQL 是 .NET Framework 3.5 版本的一个组件，提供了用于将关系数据作为对象管理的运行时基础结构。通过使用 LINQ to SQL，可以直接在现有数据库架构上使用 LINQ 编程模型。LINQ to SQL 使开发人员能够生成表示数据的 .NET Framework 类。这些生成的类直接映射到数据库表、视图、存储过程和用户定义的函数，而不映射到概念数据模型。当应用程序运行时，LINQ to SQL 会将对象模型中的语言集成查询转换为 SQL，然后将它们发送到数据库进行执行。当数据库返回结果时，LINQ to SQL 会将它们转换回编程语言处理的对象。

LINQ to XML 在 System.Xml.LINQ 命名空间下实现对 XML 的操作。采用高效、易用、内存中的 XML 工具在宿主编程语言中提供 XPath/XQuery 功能等。

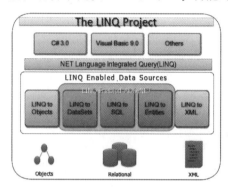

图 7-1　　LINQ 总体架构图

7.1.2　任务：用 LINQ 实现学生信息管理系统的查询

1. 任务要求

设计一个页面 7-1.aspx，用于显示学生信息查询结果。

2. 解决步骤

（1）新建一个名称为 Task7 的目录，并在 Task7 中新建一个名称为 StudentMIS 的网站项目（使用 ASP.NET Dynamic Data Linq to SQL Web Application 模板）。

（2）在 Task7 目录的 StudentMIS 网站项目中，使用菜单栏的 Tools → Connect to Database，创建一个到数据库的连接。其中，连接的 Connect String = "Data Source=127.0.0.1\SQLExpress;Initial Catalog=StudentMIS;Integrated Security=True"。

（3）使用 Project → Add New Item，添加一个 LINQ to SQL Classes 文件，文件名称为 Student.dbml，在左侧的 Server Explorer（服务器资源管理器）中，打开数据库，将 Student 表拖到 Student.dbml 文件设计器的左侧空白处。

（4）添加一个新 Web 窗体 7-1.aspx，然后在 7-1.aspx 窗体中增加一个 GridView 控件，用于显示数据，控件的名称为 gvStudent。

（5）在 7-1.aspx.cs 的 Page_Load 函数体内输入以下代码。

```
// 创建 LINQ 的数据源对象
StudentDataContext stuDC = new StudentDataContext();
// 构建 LINQ 语句
```

```
var q = from c in stuDC.Students select c;
//读取数据
IList<Student> students = q.ToList<Student>();
//绑定数据到 GridView 控件
gvStudent.DataSource = students;
gvStudent.DataBind();
```

（6）Page_Load 事件处理程序中添加程序代码如下。

```
protected void Page_Load(object sender, EventArgs e)
{
    //创建 LINQ 的数据源对象
    StudentDataContext stuDC = new StudentDataContext();
    //构建 LINQ 语句
    var q = from c in stuDC.Students select c;
    //读取数据
    IList<Student> students = q.ToList<Student>();
    //绑定数据到 GridView 控件
    gvStudent.DataSource = students;
    gvStudent.DataBind();
}
```

（7）在浏览器中查看 7-1. aspx，运行结果如图 7-2 所示。

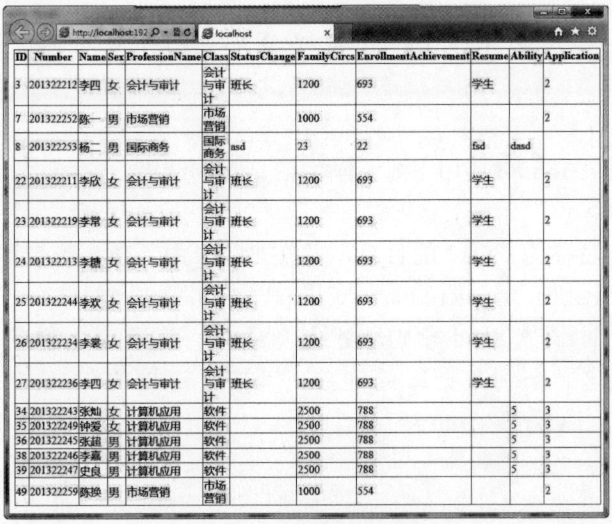

ID	Number	Name	Sex	ProfessionName	Class	StatusChange	FamilyCircs	EnrollmentAchievement	Resume	Ability	Application
3	201322212	李四	女	会计与审计	会计与审计	班长	1200	693	学生		2
7	201322252	陈一	男	市场营销	市场营销		1000	554			2
8	201322253	杨二	男	国际商务	国际商务	asd	23	22	fsd	dasd	
22	201322211	李欣	女	会计与审计	会计与审计	班长	1200	693	学生		2
23	201322219	李常	女	会计与审计	会计与审计	班长	1200	693	学生		2
24	201322213	李糖	女	会计与审计	会计与审计	班长	1200	693	学生		2
25	201322244	李欢	女	会计与审计	会计与审计	班长	1200	693	学生		2
26	201322234	李裳	女	会计与审计	会计与审计	班长	1200	693	学生		2
27	201322236	李四	女	会计与审计	会计与审计	班长	1200	693	学生		2
34	201322243	张灿	女	计算机应用	软件		2500	788		5	3
35	201322249	钟爱	女	计算机应用	软件		2500	788		5	3
36	201322245	张超	男	计算机应用	软件		2500	788		5	3
38	201322246	李嘉	男	计算机应用	软件		2500	788		5	3
39	201322247	史良	男	计算机应用	软件		2500	788		5	3
49	201322259	陈换	男	市场营销	市场营销		1000	554			2

图 7-2 学生信息查询结果

7.1.3 实训：用 LINQ 实现人事档案管理的信息查询

实训要求：

创建一个页面，用于实现对办公自动化系统中人事档案管理的人事数据所有字段进行查询。

7.2　掌握利用 LINQ 实现数据的增、删、改操作

7.2.1　知识：LINQ 到 ADO.NET

现在，很多业务开发人员必须使用两种或更多种编程语言。例如：对于业务逻辑和表示层使用高级语言（如 Visual C# 或 Visual Basic），而使用查询语言与数据库交互（如 Transact-SQL）。这要求开发人员必须精通多种语言才能奏效，同时也导致在开发环境中语言不匹配。例如，使用数据访问 API 对数据库执行查询的应用程序会将查询指定为用引号括起的字符串。由于编译器不能读取此查询字符串，因此不会检查是否有错误：如语法无效或引用的列或行是否实际存在，不会检查查询参数的类型，也不支持 IntelliSense。

1.LINQ 简介

语言集成查询（LINQ）使开发人员能够在应用程序代码中形成基于集合的查询，而不必使用单独的查询语言。我们可以编写针对各种可枚举数据源（即实现 IEnumerable 接口的数据源）的 LINQ 查询，可枚举数据源包括驻留在内存中的数据结构、XML 文档、SQL 数据库和 DataSet 对象等。虽然这些可枚举数据源以多种方式实现，但它们都公开相同的语法和语言构造。由于可以使用编程语言本身形成查询，因此我们不必使用编译器无法理解或验证的、以字符串形式嵌入的其他查询语言。通过提供编译时类型和语法检查以及 IntelliSense，将查询集成到编程语言也使 Visual Studio 程序员的工作更加有效。这些功能降低了对查询调试和错误修复的需求。

将数据从 SQL 表传输到内存中的对象通常单调乏味并容易出错。由 LINQ to DataSet 和 LINQ to SQL 实现的 LINQ 提供程序可以将源数据转换为基于 IEnumerable 的对象集合。在查询数据和更新数据时，程序员始终会以 IEnumerable 集合的形式查看这些数据。

2.LINQ 的类型

有三种独立的 ADO.NET 语言集成查询（LINQ）技术：LINQ to DataSet、LINQ to SQL 和 LINQ to Entities。LINQ to DataSet 提供针对 DataSet 的形式多样的优化查询，LINQ to SQL 可以直接查询 SQL Server 数据库架构，而 LINQ to Entities 允许我们查询实体数据模型。

图 7-1 也说明了 ADO.NET LINQ 技术如何关联到高级编程语言和启用 LINQ 的数据源。

①LINQ to DataSet：DataSet 是赖以生成 ADO.NET 的断开连接式编程模型的关键元素，使用非常广泛。LINQ to DataSet 使开发人员能够通过使用许多其他数据源可用的同样的查询表述机制在 DataSet 中内置更丰富的查询功能。

②LINQ to SQL：是适合不需要映射到概念模型的开发人员使用的有用工具。通过使用 LINQ to SQL，你可以直接在现有数据库架构上直接使用 LINQ 编程模型。LINQ to

SQL 使开发人员能够生成表示数据的 .NET Framework 类。这些生成的类直接映射到数据库表、视图、存储过程和用户定义的函数，而不映射到概念数据模型。 使用 LINQ to SQL 时，除了其他数据源（如 XML）外，开发人员还可以使用与内存集合和 DataSet 相同的 LINQ 编程模式直接编写针对存储架构的代码。

③ LINQ to Entities：大多数应用程序目前是在关系数据库之上编写的。有时这些应用程序将需要与以关系形式表示的数据进行交互。数据库架构并不总是构建应用程序的理想选择，并且应用程序的概念模型与数据库的逻辑模型不同。实体数据模型是可用于对特定域的数据进行建模的概念数据模型，以便应用程序可作为对象与数据进行交互。通过实体数据模型，在 .NET 环境中将关系数据作为对象公开。这样，对象层就成为 LINQ 支持的理想目标，从而允许开发人员通过用于构建业务逻辑的语言编写对数据库的查询。此项功能称为 LINQ to Entities。

7.2.2   任务：用 LINQ 实现学生信息管理系统的增、删、改操作

1. 任务要求
设计一个页面，用于实现对学生信息管理系统中 Course 表数据的增加、删除和修改。

2. 解决步骤
（1）打开 Task7 目录中的 StudentMIS 网站。

（2）使用 Project → Add New Item，添加一个 LINQ to SQL Classes 文件，文件名称为 Course.dbml，在左侧的 Server Explorer（服务器资源管理器）中，打开数据库，将 Course 表拖到 Course.dbml 文件设计器的左侧空白处。

（3）在 Task7 目录的 StudentMIS 网站中，添加一个 Web 窗体 7-2.aspx。

（4）在窗体中添加一个 panel 控件，名称为"panel1"，即 ID 属性为 panel1。

（5）在 panel1 上添加一个 label 控件，名称为"msgDel"，将其 ForeColor 属性设置为 Red，用于显示用户进行删除操作时的简单提示信息。

（6）继续在 panel1 控件上添加一个 LinkButton 控件，名称为"lbAdd"，将其 Text 属性设置为添加，设置其单击时要调用的方法为 lbAdd_Click，即 onclick="lbAdd_Click"。

（7）继续在 panel1 控件上添加一个 GridView 控件，名称为"gvCourse"，设置其 AutoGenerateColumns 属性为 False。

（8）修改其 Columns 属性：在 gvCourse 控件属性页中，单击 Columns 属性右侧的 (Collection)，进入 gvCourse 控件的列设置界面，如图 7-3。

（9）添加三个 BoundField 列，分别为：① ID，HeadText 为 ID，DataField 为 ID（对应 Course 表的 ID 列）；② CourseNumber，HeadText 为课程编码，DataField 为 CourseNumber（对应 Course 表的 CourseNumber 列）；③ CourseName，HeadText 为课程名称，DataField 为 CourseName（对应 Course 表的 CourseName 列）。最后再添加一个 CommandField 列，将 ShowEditButton 和 ShowDeleteButton 属性设置为 true。

（10）在页面的代码视图中，设置 GridView 控件的 OnRowEditing="gvCourse_RowEditing"，OnRowUpdating="gvCourse_RowUpdating"，OnRowCancelingEdit="gvCourse_

CancelingEdit"，OnRowDeleting="gvCourse_RowDeleting"。也就是当用户点击 Edit 时，调用 gvCourse_RowEditing 方法；当用户点击 Update 时，调用 gvCourse_RowUpdating方法；当用户点击 Cancel 时，调用 gvCourse_CancelingEdit 方法；当用户点击Delete 时，调用 gvCourse_RowDeleting 方法。

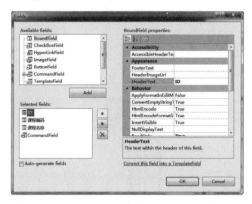

图 7-3   GridView 控件的 Columns 属性设置

（11）在窗体中添加一个 panel 控件，名称为"panel2"，即 ID 属性为 panel2，设置 Visible 属性为 False，作用是默认情况下只显示 panel1，而不显示 panel2。

（12）在 panel2 上添加一个 label 控件，名称为"msgAdd"，将其 ForeColor 属性设置为 Red，用于显示用户进行添加操作时的提示信息。

（13）在 panel2 上添加一个 TextBox 控件，ID 属性为 tbCourseNumber，用于用户新增记录时录入课程编号信息。

（14）在 panel2 上添加一个 TextBox 控件，ID 属性为 tbCourseName，用于用户新增记录时录入课程名称信息。

（15）在 panel2 上添加一个 Button 控件，ID 属性为 buttonAdd，Text 属性为"增加"。

（16）在 panel2 上添加一个 Button 控件，ID 属性为 buttonReturn，Text 属性为"返回"。

（17）页面的最后设计效果如图 7-4。

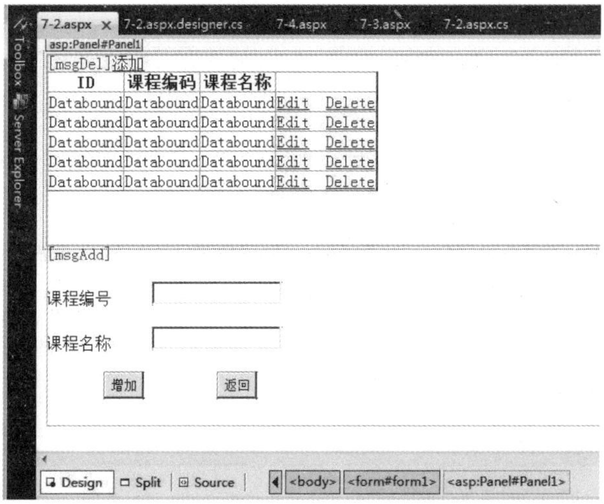

图 7-4   任务 7-2.aspx 页面总体设计效果

（18）接下来打开与页面相对应的代码文件 7-2.aspx.cs，进行实现代码的编写。

（19）首先是页面加载方法的编写，如果不是用户点击按钮提交的，则进行页面初始化，即重新加载课程信息并显示，否则不进行初始化。

```
protected void Page_Load(object sender, EventArgs e)
{
if (!this.IsPostBack)
 {
    initLD();
 }
}
```

（20）页面加载时可能调用的方法 initLD()。

```
private void initLD()
{
    // 创建 LINQ 的数据源对象
    CourseDataContext courseDC = new CourseDataContext();
    // 构建 LINQ 语句
    var q = from c in courseDC.Courses select c;
    // 读取数据
    IList<Course> courses = q.ToList<Course>();
    // 绑定数据到 GridView 控件
    gvCourse.DataSource = courses;
    gvCourse.DataBind();
}
```

（21）在浏览器中查看 7-2.aspx，运行结果如图 7-5 所示。

图 7-5   7-2.aspx 运行结果

（22）当用户点击页面左上方的添加时，调用 lbAdd_Click 方法，主要是隐藏 panel1，显示 panel2，也就是隐藏当前的课程列表，显示新增课程界面，供用户添加课程，运行效果如图 7-6。

```
protected void lbAdd_Click(object sender, EventArgs e)
 {
    Panel1.Visible = false;
    Panel2.Visible = true;
 }
```

图 7-6　　新增课程用户界面

（23）当用户输入课程编号、课程名称，点击增加按钮时，调用 buttonAdd_Click 方法。
其中，buttonAdd_Click 调用 CourseAdd 方法，完成课程的新增。

```
private bool CourseAdd(Course c)
{
  try
  {
    // 创建 LINQ 的数据源对象
    CourseDataContext courseDC = new CourseDataContext();
    var kecheng = courseDC.Courses;
    // 将课程 c 作为新增课程提交
    kecheng.InsertOnSubmit(c);
    courseDC.SubmitChanges();
    return true;
  }
  catch
  {
    return false;
  }
}


protected void buttonAdd_Click(object sender, EventArgs e)
{
  // 创建课程对象
  Course c = new Course();
  c.CourseNumber = tbCourseNumber.Text;
  c.CourseName = tbCourseName.Text;
  if(c.CourseName.Trim() == "" || c.CourseNumber.Trim() == "")
   {
      msgAdd.Text = " 课程编号和课程名称都不能为空！ ";
   }
   else
   {
   if (CourseAdd(c))
    {
       tbCourseNumber.Text = "";
```

```
            tbCourseName.Text = "";
            msgAdd.Text = " 增加成功！ ";
        }
        else
        {
            msgAdd.Text = " 增加失败！ ";
        }
    }
}
```

（24）假设用户在课程编号和课程名称中分别输入"050401""Web 程序设计"，点击增加按钮时，结果如图 7-7。

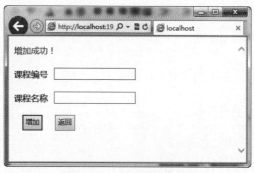

图 7-7   新增课程成功

（25）当用户点击"返回"按钮，系统调用 buttonReturn_Click 方法，隐藏 panel2，显示 panel1，也就是显示课程列表界面，隐藏新增课程界面，同时看到了用户之前新增的课程，效果如图 7-8。

图 7-8   返回课程列表

（26）用户点击课程列表右侧的"Edit"，系统调用 gvCourse_RowEditing 方法，进入该行课程的编辑修改模式，运行效果如图 7-9。

```
protected void gvCourse_RowEditing(object sender,
GridViewEditEventArgs e)
{
    // 默认情况下 EditIndex=-1
```

```
    gvCourse.EditIndex = e.NewEditIndex;
    initLD();
}
```

图 7-9　编辑修改课程信息

（27）当用户输入修改后的课程信息，点击 Update，系统调用 gvCourse_ RowUpdating 方法，完成课程信息的更新，同时返回课程列表界面。例如，将"网络数据库"修改为"网络数据库 SQL Server"，运行效果如图 7-10。

```
protected void gvCourse_RowUpdating(object sender, GridViewUpdateEventArgs e)
{
try
  {
    // 首先，所编辑的课程的 ID（编辑行的第 1 列）
    string idStr = this.gvCourse.Rows[e.RowIndex].Cells[0].Text;
    CourseDataContext courseDC = new CourseDataContext();
    var kc = courseDC.Courses;
    // 用前面得到的课程 ID，到系统中查询出要修改的课程
    Course sc = kc.Single(d => d.ID == int.Parse(idStr));
    // 将课程的信息修改为用户修改后的内容，注意：这里要先将用户的输入转换为 TextBox 控件，
然后取值！
    sc.CourseNumber = ((TextBox)this.gvCourse.Rows[e.
    RowIndex].Cells[1].Controls[0]).Text;
    sc.CourseName = ((TextBox)this.gvCourse.Rows[e.RowIndex].Cells[2].Controls[0]).Text;
    courseDC.SubmitChanges();
    // 将当前的修改行设置为 -1
    gvCourse.EditIndex = -1;
    msgDel.Text = " 更新成功！ ";
    initLD();
  }
  catch
  {
    msgDel.Text = " 更新失败！ ";
  }
}
```

图 7-10　　成功修改课程信息

（28）当用户放弃修改课程信息，点击"Cancel"，则系统调用 gvCourse_Cance-lingEdit 方法，返回课程列表界面。

```
protected void gvCourse_CancelingEdit(object sender,
GridViewCancelEditEventArgs e)
{
    gvCourse.EditIndex = -1;
    initLD();
}
```

（29）在课程列表界面，当用户点击"Delete"时，系统调用 gvCourse_RowDele-ting 方法，完成当前行的课程的删除。例如，将课程编号为"050202"，课程名称为"软件工程"的课程删除，运行效果如图 7-11 所示。

```
protected void gvCourse_RowDeleting(object sender,
GridViewDeleteEventArgs e)
{
try
  {
    // 取得要删除的课程的 ID
    string idStr = this.gvCourse.Rows[e.RowIndex].Cells[0].Text;
    CourseDataContext courseDC = new CourseDataContext();
    var kc = courseDC.Courses;
    // 用课程 ID 从数据库中查询出要删除的课程
    Course sc = kc.Single(d => d.ID == int.Parse(idStr));
    // 删除课程
    courseDC.Courses.DeleteOnSubmit(sc);
    courseDC.SubmitChanges();
    gvCourse.EditIndex = -1;
    // 提示删除成功
    msgDel.Text = " 删除成功！ ";
    initLD();
  }
catch
  {
```

```
    msgDel.Text = "删除失败！";
  }
}
```

图 7-11　删除课程

（30）7-2.aspx.cs 文件的内容如下。

```
using System;
using System.Collections.Generic;
using System.Linq;
using System.Web;
using System.Web.UI;
using System.Web.UI.WebControls;
namespace StudentMIS
{
  public partial class _7_2 : System.Web.UI.Page
  {
    protected void Page_Load(object sender, EventArgs e)
    {
      if (!this.IsPostBack)
      {
        initLD();
      }
    }
    private void initLD()
    {
      // 创建 LINQ 的数据源对象
      CourseDataContext courseDC = new CourseDataContext();
      // 构建 LINQ 语句
      var q = from c in courseDC.Courses select c;
      // 读取数据
      IList<Course> courses = q.ToList<Course>();
      // 绑定数据到 GridView 控件
      gvCourse.DataSource = courses;
      gvCourse.DataBind();
    }
```

```
protected void lbAdd_Click(object sender, EventArgs e)
{
    Panel1.Visible = false;
    Panel2.Visible = true;
}
private bool CourseAdd(Course c)
{
    try
    {
        CourseDataContext courseDC = new CourseDataContext();
        var kecheng = courseDC.Courses;
        kecheng.InsertOnSubmit(c);
        courseDC.SubmitChanges();
        return true;
    }
    catch
    {
        return false;
    }
}
protected void buttonAdd_Click(object sender, EventArgs e)
{
    Course c = new Course();
    c.CourseNumber = tbCourseNumber.Text;
    c.CourseName = tbCourseName.Text;
    if (c.CourseName.Trim() == "" || c.CourseNumber.Trim() == "")
    {
        msgAdd.Text = "课程编号和课程名称都不能为空！ ";
    }
    else
    {
        if (CourseAdd(c))
        {
            tbCourseNumber.Text = "";
            tbCourseName.Text = "";
            msgAdd.Text = "增加成功！ ";
        }
        else
        {
            msgAdd.Text = "增加失败！ ";
        }
    }
}
protected void buttonReturn_Click(object sender, EventArgs e)
{
    Panel1.Visible = true;
    Panel2.Visible = false;
```

```
    initLD();
  }

  protected void gvCourse_RowEditing(object sender, GridViewEditEventArgs e)
  {
    gvCourse.EditIndex = e.NewEditIndex;
    initLD();
  }

  protected void gvCourse_RowUpdating(object sender, GridViewUpdateEventArgs e)
  {
    try
    {
      string idStr = this.gvCourse.Rows[e.RowIndex].Cells[0].Text;
      CourseDataContext courseDC = new CourseDataContext();
      var kc = courseDC.Courses;
      Course sc = kc.Single(d => d.ID == int.Parse(idStr));
      sc.CourseNumber = ((TextBox)this.gvCourse.Rows[e.RowIndex].Cells[1].Controls[0]).Text;
      sc.CourseName = ((TextBox)this.gvCourse.Rows[e.RowIndex].Cells[2].Controls[0]).Text;
      courseDC.SubmitChanges();
      gvCourse.EditIndex = -1;
      msgDel.Text = "更新成功！";
      initLD();
    }
    catch
    {
      msgDel.Text = "更新失败！";
    }
  }
  protected void gvCourse_CancelingEdit(object sender, GridViewCancelEditEventArgs e)
  {
    gvCourse.EditIndex = -1;
    initLD();
  }
  protected void gvCourse_RowDeleting(object sender, GridViewDeleteEventArgs e)
  {
    try
    {
      string idStr = this.gvCourse.Rows[e.RowIndex].Cells[0].Text;
      CourseDataContext courseDC = new CourseDataContext();
      var kc = courseDC.Courses;
      Course sc = kc.Single(d => d.ID == int.Parse(idStr));
      courseDC.Courses.DeleteOnSubmit(sc);
      courseDC.SubmitChanges();
      gvCourse.EditIndex = -1;
      msgDel.Text = "删除成功！";
      initLD();
```

```
    }
    catch
    {
        msgDel.Text = " 删除失败！ ";
    }
    }
}
}
```

7.2.3　实训：用 LINQ 实现人事档案管理信息的增、删、改操作

实训要求：

创建一个页面，用于实现对办公自动化系统中人事档案管理信息数据的新增、修改和删除操作，建议参照"任务 7.2.2"使用 panel 控件和 GridView 控件。

7.3　掌握利用 LinqDataSource 控件实现数据的增、删、改操作

7.3.1　知识：LinqDataSource 控件

LinqDataSource 控件通过 ASP.NET 数据源控件结构向 Web 开发人员公开语言集成查询（LINQ）。LINQ 提供一种用于在不同类型的数据源中查询和更新数据的统一编程模型，并将数据功能直接扩展到 C# 和 Visual Basic 语言中。LINQ 通过将面向对象编程的准则应用于关系数据，简化了面向对象编程与关系数据之间的交互。当程序员创建网页以检索或修改数据，并希望利用 LINQ 提供的统一编程模型时，可使用 LinqDataSource 控件。通过使 LinqDataSource 控件能够自动创建与数据进行交互的命令，可以简化网页中的代码。

注意： LinqDataSource 控件从 ContextDataSource 类中派生。

LinqDataSource 控件提供了一种将数据控件连接到多种数据源的方法，其中包括数据库数据、数据源类和内存中集合。通过使用 LinqDataSource 控件，您可以针对所有这些类型的数据源指定类似于数据库检索的任务（选择、筛选、分组和排序）。可以指定针对数据库表的修改任务（更新、删除和插入）。可以将 LinqDataSource 控件连接到存储在公共字段或属性中的任何类型的数据集合。对于所有数据源来说，用于执行数据操作的声明性标记和代码都是相同的。当您与数据库表中的数据或数据集合（与数组类似）中的数据进行交互时，不必使用不同的语法。

1. 连接到数据库中的数据

当您与数据库中的数据进行交互时，不会将 LinqDataSource 控件直接连接到数据库，而是与表示数据库和表的实体类进行交互。通过对象关系设计器或运行 SqlMetal.

exe 实用工具可生成实体类。创建的实体类通常位于 Web 应用程序的 App_Code 文件夹中。O/R 设计器或 SqlMetal.exe 实用工具将生成一个表示数据库的类，并为该数据库中的每个表生成一个类。

表示数据库的类将负责检索和设置数据源中的值。LinqDataSource 控件读取和设置表示数据表的类中的属性。若要支持更新、插入和删除操作，数据库类必须从 DataContext 类派生，且表类必须引用 Table<TEntity> 类。

通过将 ContextTypeName 属性设置为表示数据库的类的名称，将 LinqDataSource 控件连接到数据库类。通过将 TableName 属性设置为代表数据表的类的名称，将 LinqDataSource 控件连接到特定表。例如，若要连接到 AdventureWorks 数据库中的 Contacts 表，可将 ContextTypeName 属性设置为 AdventureWorksDataContext（或你为数据库对象指定的任何名称），将 TableName 属性设置为 Contacts。

下面的示例显示连接到 AdventureWorks 数据库的 LinqDataSource 控件的标记。

```
<asp:LinqDataSource
    ContextTypeName="AdventureWorksDataContext"
    TableName="Contacts"
    ID="LinqDataSource1"
    runat="server">
</asp:LinqDataSource>
```

2. 将 LinqDataSource 控件与数据绑定控件一起使用

若要显示 LinqDataSource 控件中的数据，可将数据绑定控件绑定到 LinqDataSource 控件。例如，将 DetailsView 控件、GridView 控件或 ListView 控件绑定到 LinqDataSource 控件。为此，将数据绑定控件的 DataSourceID 属性设置为 LinqDataSource 控件的 ID。下面的示例说明一个 GridView 控件，该控件显示 LinqDataSource 控件中的所有数据。

```
<asp:LinqDataSource
    runat="server"
    ContextTypeName="AdventureWorksDataContext"
    TableName="Contacts"
    ID="LinqDataSource1">
</asp:LinqDataSource>
<asp:GridView
    ID="GridView1"
    runat="server"
    DataSourceID="LinqDataSource1" >
</asp:GridView>
```

数据绑定控件将自动创建用户界面以显示 LinqDataSource 控件中的数据。它还提供用于对数据进行排序和分页的界面。在启用数据修改后，数据绑定控件会提供用于更新、插入和删除记录的界面。

通过将数据绑定控件配置为不自动生成数据控件字段，可以限制显示的数据（属性）。然后可以在数据绑定控件中显示定义这些字段。虽然 LinqDataSource 控件会检索所有属性，但数据绑定控件仅显示指定的属性。下面的示例演示一个 GridView 控件，该控件仅显示 AdventureWorks 数据库的 Products 表中的 Name 和 StandardCost 属性。AutoGenerateColumns 属性设置为 false。

```
<asp:LinqDataSource
    ContextTypeName="AdventureWorksDataContext"
    TableName="Products"
    ID="LinqDataSource1"
    runat="server">
</asp:LinqDataSource>
<asp:GridView
    DataSourceID="LinqDataSource1"
    AutoGenerateColumns-"false"
    ID="GridView1"
    runat="server">
 <Columns>
  <asp:BoundField DataField="Name" />
  <asp:BoundField DataField="StandardCost" />
 </Columns>
</asp:GridView>
```

如果必须限制查询中返回的属性，可以通过设置 LinqDataSource 控件的 Select 属性来定义那些属性。

3. 选择数据

如果不指定 LinqDataSource 控件的 Select 属性的值，则检索数据源类中的所有属性。例如，LinqDataSource 控件为数据库表中的每个列返回一个值。

通过将 Select 属性设置为所需属性的名称，可以限制从数据源中检索的属性。如果希望仅返回一个属性，请将 Select 属性设置为该属性。例如，若要仅返回数据库表的 City 列中的值，请将 Select 属性设置为 City。LinqDataSource 控件将返回 List<T> 集合，该集合包含属性中正确键入的项。如果以文本（字符串）形式键入 City 属性，则选择 City 属性会返回字符串值的 List<T> 集合。

若要仅检索数据类中的一些属性，可使用 Select 属性中的 new 函数并指定要返回的列。由于你是在动态创建仅包含已指定的属性的类，因此 new 函数是必须的。例如，如果要从包含完整地址的数据源中检索 City 和 PostalCode 属性，可将 Select 属性设置为 new(City, PostalCode)。LinqDataSource 控件将返回 List<T> 集合，该集合包含具有这些属性的类的实例。

当仅选择一个属性时，无需使用 new 函数，因为返回的对象是该属性的值的简单集合。但对于多个属性，LinqDataSource 控件必须创建一个包含指定的属性的新类。

可以在 Select 子句中计算值。例如，若要计算某个订单的行项总计，请将 Select 属性设置为 new(SalesOrderDetailID, OrderQty * UnitPrice As LineItemTotal)。使用 As 关键字可为计算的值分配一个名称（别名）。

下面的示例演示如何使用 LinqDataSource 控件检索数据的子集。在此示例中，将设置 Select 属性以便为返回的值分配别名并计算值。

```
<asp:LinqDataSource
    ContextTypeName="ExampleDataContext"
    TableName="OrderDetails"
    Select="new(SalesOrderDetailID As DetailID,
    OrderQty * UnitPrice As LineItemTotal,
    DateCreated As SaleDate)"
    ID="LinqDataSource1"
    runat="server">
</asp:LinqDataSource>
```

4. 使用 Where 子句筛选数据

可以对返回的数据进行筛选，以便仅检索满足特定条件的记录。可以通过将 Where 属性设置为要在返回的数据中包含某个记录所必须满足的条件来做到这一点。如果不指定 Where 属性的值，则检索数据源中的所有记录。可通过创建筛选器表达式进行筛选，该表达式通过比较来确定是否应包含某个记录。比较的对象可以是一个静态值，也可以是通过参数占位符指定的变量值。

5. 使用静态值创建 Where 子句

将一个属性中的值与静态值进行比较时，使用该属性和静态值定义 Where 属性。例如，若要仅返回其 ListPrice 值大于 1000 的记录，请将 Where 属性设置为 ListPrice>1000。

可以使用 && 或 and 运算符表示逻辑"与"，也可以使 || 或 or 运算符表示逻辑"或"。例如，将 Where 属性设置为"ListPrice>1000||UnitCost>500||DaysToManufacture>3"以返回满足以下条件之一的纪录：其 ListPrice 值大于 1000，或 UnitCost 值大于 500，或 DaysToManufacture 值大于 3。若要指定所有条件都必须为 true 才能返回记录，可以将 Where 属性设置为"ListPrice>1000 && UnitCost>500 && DaysToManufacture >3"。

当比较字符串值时，必须用单引号将条件括起来，并用双引号将文本值括起来。例如，将 Where 属性设置为"Category = "Sports""，可仅检索其 Category 列等于"Sports"的记录。

下面的示例演示一个 LinqDataSource 控件，该控件检索已按照字符串值和数值筛选的数据。

```
<asp:LinqDataSource
    ContextTypeName="ExampleDataContext"
    TableName="Product"
    Where='Category = "Sports" && Weight < 10'
    ID="LinqDataSource1"
    runat="server"
</asp:LinqDataSource>
```

6. 创建参数化 Where 子句

如果要将属性值与仅在运行时才知道的值进行比较，可以在 WhereParameters 属性集合中定义一个参数。例如，如果要使用由用户提供的值进行筛选，请创建表示该值的参数。LinqDataSource 控件使用参数的当前值创建 Where 子句。

下面的示例演示一个 LinqDataSource 控件，该控件根据用户在名为 DropDownList1 的控件中的选择检索数据。

```
<asp:DropDownList AutoPostBack="true" ID="DropDownList1"runat="server">
 <asp:ListItem Value="Sports">Sports</asp:ListItem>
 <asp:ListItem Value="Garden">Garden</asp:ListItem>
 <asp:ListItem Value="Auto">Auto</asp:ListItem>
</asp:DropDownList>
<asp:LinqDataSource
    ContextTypeName="ExampleDataContext"
    TableName="Products"
    AutoGenerateWhereClause="true"
    ID="LinqDataSource1"
    runat="server">
 <WhereParameters>
  <asp:ControlParameter
      Name="Category"
      ControlID="DropDownList1"
      Type="String" />
 </WhereParameters>
</asp:LinqDataSource>
<asp:GridView
    DataSourceID="LinqDataSource1"
    ID="GridView1"
  runat="server">
</asp:GridView>
```

将 AutoGenerateWhereClause 属性设置为 true 时，LinqDataSource 控件会自动创建 Where 子句。当具有多个参数时，此选项很有用，原因是无需在 Where 属性中指定每个条件。可以改为在 WhereParameters 属性集合中添加参数，这样 LinqDataSource 控件就会创建包含每个参数的 Where 子句。

当将 AutoGenerateWhereClause 属性设置为 true 时，参数的名称必须与相应属性的名称匹配。例如，若要针对 Category 属性检查参数的值，则必须将该参数命名为 Category。所有比较都是针对是否相等而进行的；无法测试一个值是大于还是小于参数值。在 WhereParameters 集合中指定多个参数时，这些参数将用逻辑"与"进行链接。

如果必须进行不相等检查或用逻辑"或"链接条件，请将 AutoGenerateWhereClause 属性设置为 false，然后可以在 Where 属性中定义这些条件。在 Where 属性中为每个参数包含一个占位符。

7. 更新、插入和删除数据

可以将 LinqDataSource 控件配置为自动创建用于更新、插入和删除数据的命令。若要启用自动数据更新，请将 EnableUpdate、EnableInsert 或 EnableDelete 属性设置为 true。

如果希望 LinqDataSource 控件自动生成更新命令，则不能设置 Select 属性。设置 Select 属性之后，LinqDataSource 控件会返回一个对象，此对象是动态类的实例，而不是表示数据库表的类的实例。因此，动态类无法推断如何更新数据库表中的值。

如果希望以编程方式设置要更新的任何值，则可以为 Updating、Inserting 或 Deleting 事件创建事件处理程序。在处理程序中，可以在数据操作开始之前设置一个值。

8. 对数据进行排序

LinqDataSource 对象支持两种通过查询对数据排序的方法。在开发网页时，可以按照静态值对数据进行排序，也可允许用户在运行时对数据进行动态排序。

若要根据静态值对数据进行排序，请为 OrderBy 属性分配某个属性的名称；若要允许用户在运行时对数据进行排序，请将 AutoSort 属性设置为 true（默认值）；然后，将一个排序表达式传递给 LinqDataSource 控件。当数据绑定控件（如 GridView 控件）的 AllowSorting 属性设置为 true 时，它将传递一个排序表达式。

若要在 OrderBy 属性中指定多个列名称，请用逗号将这些名称隔开。例如，如果指定 "LastName, FirstName"，则首先按照 LastName 对记录进行排序，然后按照 FirstName 对其 LastName 字段中包含匹配值的记录进行排序。

如果希望先按照某个特定顺序返回数据，然后让用户更改此顺序，则这两种排序方法均可使用。在此情况下，将 AutoSort 属性设置为 true，并将 OrderBy 属性设置为某个属性的名称。

下面的示例演示一个 LinqDataSource 控件，该控件按照 LastName、FirstName 和 MiddleName 的先后顺序对记录进行排序。LinqDataSource 控件还配置为允许用户对行进行动态排序。可以将数据控件（如 GridView 控件）绑定到 LinqDataSource 控件，以便显示数据并允许用户指定排序顺序。

```
<asp:LinqDataSource
    ContextTypeName="ExampleDataContext"
    TableName="Contact"
    OrderBy="LastName, FirstName, MiddleName"
    AutoSort="true"
    ID="LinqDataSource1"
    runat="server"
</asp:LinqDataSource>
```

7.3.2 任务：用 LinqDataSource 控件实现学生信息管理系统的增、删、改操作

1. 任务要求

设计一个页面，使用 LinqDataSource 控件实现对学生信息管理系统中 course 表数据的增加、删除和修改。

2. 解决步骤

（1）打开 Task7 目录中的 StudentMIS 网站。

（2）在 Task7 目录的 StudentMIS 网站中，添加一个 Web 窗体 7-3.aspx。

（3）在窗体中添加一个 LinqDataSource 控件，设置其下列属性值：ID 属性为 LinqDataSource1，ContextTypeName 属性为 StudentMIS.CourseDataContext，TableName 属性为 Courses，EnableInsert 属性为 true，EnableUpdate 属性为 true，EnableDelete 属性为 true。

（4）在窗体中添加一个 DetailsView 控件，设置其下列属性值：ID 属性为 dvCourse，DataSourceID 属性为 LinqDataSource1，AllowPaging 属性为 "true"，DataKeyNames 属性为 ID。

（5）点击 Fields 属性右侧的（Collection），进入 Fields 设置页面，添加一个 CommandField，并设置其 ShowDeleteButton="true"，ShowEditButton="true"，ShowInsertButton="true"。

（6）窗体 7-3.aspx 界面的设计效果如图 7-12 所示。

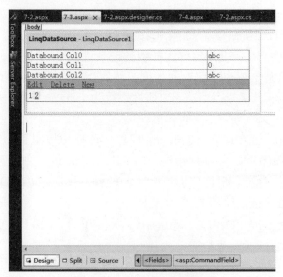

图 7-12　　7-3.aspx 界面设计

（7）在浏览器中查看 7-3.aspx，运行结果如图 7-13 所示。

图 7-13　　7-3.aspx 运行结果图

（8）点击 Edit 按钮，即可进入当前记录编辑模式，如图 7-14 所示。

图 7-14　进入编辑修改数据状态

（9）假设将数据课程名称（CoursName）修改为"Windows Server 2008 网络管理"，然后点击 Update 按钮，则运行结果如图 7-15 所示。

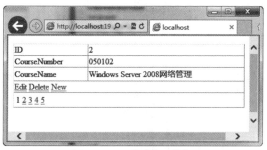

图 7-15　成功修改数据

（10）点击"New"，则进入新增课程数据界面，如图 7-16 所示。

图 7-16　新增课程数据

（11）假设用户输入课程编号为 050601，课程名称为 JavaScript，而 ID 在数据库中为主键，且是自增长的，所以不需要输入，运行结果如图 7-17 所示。

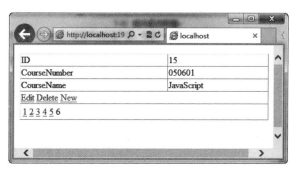

图 7-17　新增课程数据库成功

（12）点击"Delete"，则当前显示的记录被删除。

从上面的实际操作过程来看，LinqDataSource 控件的功能是相当强大的，几乎不需要任何编码，即可实现对数据的增加、删除和修改。

7.3.3   实训：用 LinqDataSource 控件实现人事档案管理信息的增、删、改操作

实训要求：

（1）设计一个页面，用于实现对办公自动化系统中人事档案管理信息 course 表数据的增加、删除和修改。

（2）要求使用 LinqDataSource 控件和 DetailsView 控件。

7.4   掌握 QueryExtender 控件的使用方法

7.4.1   知识：QueryExtender 控件

QueryExtender 控件用于为从数据源检索的数据创建筛选器，并且在数据源中不使用显式 Where 子句。利用该控件，可通过声明性语法筛选网页标记中的数据。

筛选操作通过仅显示满足指定条件的记录，从数据源排除数据。通过筛选，可以在不影响数据集中的数据的情况下以多种方式查看这些数据。筛选通常要求您创建 Where 子句以应用于查询数据源的命令。但是，LinqDataSource 控件的 Where 属性并不公开 LINQ 中提供的全部功能。为了更便于筛选数据，ASP.NET 提供了 QueryExtender 控件，该控件可通过声明性语法从数据源中筛选出数据。

1. 使用 QueryExtender 控件的优点

使用 QueryExtender 控件有以下优点。

（1）与编写 Where 子句相比，可提供功能更丰富的筛选表达式。

（2）提供一种 LinqDataSource 和 EntityDataSource 控件均可使用的查询语言。例如，如果将 QueryExtender 与这些数据源控件配合使用，则可以在网页中提供搜索功能，而不必编写特定于模型的 Where 子句或 eSQL 语句。

（3）可以与 LinqDataSource 或 EntityDataSource 控件配合使用，或与第三方数据源配合使用。

（4）支持多种可单独和共同使用的筛选选项。

2. 筛选器选项

QueryExtender 控件支持多种可用于筛选数据的选项。该控件支持搜索字符串、搜索指定范围内的值、将表中的属性值与指定的值进行比较、排序和自定义查询。在 QueryExtender 控件中以 LINQ 表达式的形式提供这些选项。QueryExtender 控件还支持

ASP. NET 动态数据专用的表达式。

（1）SearchExpression 类搜索一个或多个字段中的字符串值，并将这些字符串值与指定的字符串值进行比较。此表达式可执行"开头为""包含"或"结尾为"搜索。例如，可以向文本框控件中输入文本，并使用此表达式搜索从数据源控件返回的列中的该文本。

（2）RangeExpression 与 SearchExpression 类相似，但使用了一对值来定义范围。表达式确定列中的值是否在指定的最小值和最大值之间。例如，可以在表的"单价"列中搜索介于 10 美元和 100 美元之间的值。

（3）PropertyExpression 类将列的属性值与指定的值进行比较。例如，可以将布尔值与数据库中 Products 表的 discontinued 列中的值进行比较。

（4）OrderByExpression 通过 OrderByExpression 类，可以按指定列和排序方向对数据进行排序。

（5）CustomExpression 通过 CustomExpression 类，可以提供可用于 QueryExtender 控件中的自定义 LINQ 表达式。

（6）DynamicFilterExpression 仅 ASP. NET 动态数据网站中支持 DynamicFilterExpression 类。

（7）ControlFilterExpression 仅 ASP. NET 动态数据网站中支持 ControlFilterExpression 类。

7.4.2　任务：用 QueryExtender 控件实现学生信息管理系统的数据筛选功能

1. 任务要求
（1）设计一个页面，实现对学生信息管理系统 Student 表数据的筛选查询。
（2）使用 QueryExtender 控件。
（3）使用 GridView 控件显示数据。

2. 解决步骤
（1）打开 Task7 目录中的 StudentMIS 网站。
（2）在 Task7 目录的 StudentMIS 网站中，添加一个 Web 窗体 7-4. aspx。
（3）切换到"设计"视图。
（4）从"工具箱"的"数据"选项卡中，将 LinqDataSource 控件拖到页面上。
（5）在 LinqDataSource 控件的智能标记菜单中，单击"配置数据源"。
（6）选择"仅显示 DataContext 对象"。
（7）在"请选择上下文对象"下，选择 StudentMIS. StudentDataContext，然后单击"下一步"。
（8）在"表"下，选择"Students(Table<Student>)"。
（9）在"GroupBy"下，选择"无"。
（10）在"选择"下选择所有列，然后单击"完成"。
（11）在"属性"窗口中，确保已设置了下列两个属性：ContextTypeName 属性设置为 StudentMIS.StudentDataContext，TableName 属性设置为"Students"。

（12）切换到"源"视图，标记将与下面的示例类似。

```
<asp:LinqDataSource ID="LinqDataSource1" runat="server"
    ContextTypeName="StudentMIS.StudentDataContext" EntityTypeName=""
    TableName="Students">
</asp:LinqDataSource>
```

（13）在 body 标记中，LinqDataSource 控件的结束标记之后，将以下标记添加到页面中。

```
<asp:QueryExtender runat="server" TargetControlID="LinqDataSource1">
</asp:QueryExtender>
```

（14）这样会将 QueryExtender 控件添加到页面中，并将其关联的数据源控件设置为先前添加的 LinqDataSource 控件。

（15）从"工具箱"的"标准"节点中，将 TextBox 控件拖动到页面上。

（16）在 TextBox 的开始标记前面，输入 Search:（搜索:）以提供标题。

（17）将 ID 属性设置为 SearchTextBox，文本框控件的标记将类似于以下示例。

```
Search: <asp:TextBox ID="SearchTextBox" runat="server" />
```

（18）在 QueryExtender 控件的开始和结束标记之间添加以下 QueryExtender 筛选器。

```
<asp:SearchExpression SearchType="StartsWith" DataFields="Name">
<asp:ControlParameter ControlID="SearchTextBox" />
</asp:SearchExpression>
```

搜索表达式在 Student 表的 Name 列中搜索以 SearchTextBox 控件中输入的字符串开头的学生。

（19）从"工具箱"中将 Button 控件拖到该页上，并将其 Text 属性设置为 Search，按钮的标记将类似于以下示例。

```
<asp:Button ID="Button1" runat="server" Text="Search" />
```

（20）从"工具箱"中将 GridView 控件拖到该页上，并设置其属性，如下面的示例所示。

```
<asp:GridView ID="GridView1" runat="server"
    DataSourceID="LinqDataSource1"
    DataKeyNames="ID" AllowPaging="True">
</asp:GridView>
```

搜索结果将显示在 GridView 控件中。

（21）7-4.aspx 页面的设计效果如图 7-18 所示。

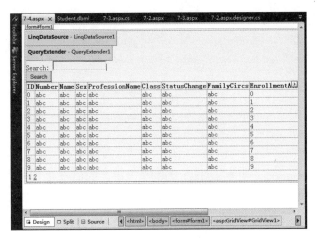

图 7-18　　7-4.aspx 界面设计效果

（22）在浏览器中查看 7-4.aspx，运行结果如图 7-19 所示。

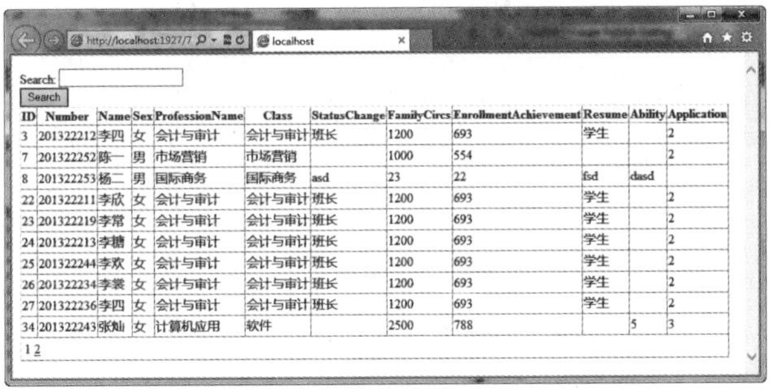

图 7-19　　7-4.aspx 页面运行效果图

（23）在文本框中输入"陈"，然后点击"Search"按钮，则运行结果如图 7-20 所示。

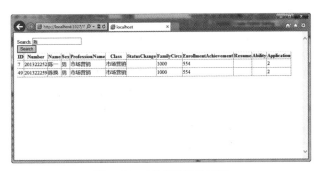

图 7-20　　数据筛选结果图

接下来，我们将添加 RangeExpression 对象，并将其配置为在 EnrollmentAchievement 列中，搜索 EnrollmentAchievement 位于两个文本框中的值所指定范围内的学生。

（24）从"工具箱"中将两个 TextBox 控件拖到该页上，可以将文本框放到搜索文本框下，我们将使用文本框指定学号开始和结束之间的范围。

（25）在第一个 TextBox 控件的开始标记前面输入 From:（从:），在第二个 TextBox 控件的开始标记前面输入 To:（到:）；将第一个文本框的 ID 设置为 FromTextBox，将第二个文本框的 ID 设置为 ToTextBox。文本框控件的标记将类似于以下示例。

> *From: <asp:TextBox ID="FromTextBox" runat="server"></asp:TextBox>*
>
> *To: <asp:TextBox ID="ToTextBox" runat="server"></asp:TextBox>*

（26）在 QueryExtender 控件的开始和结束标记之间添加以下 QueryExtender 筛选器。

> *<asp:RangeExpression DataField="EnrollmentAchievement" MinType="Inclusive"*
>   *MaxType="Inclusive">*
> *</asp:RangeExpression>*

这样会搜索 Number 列，并将我们在文本框中指定的值包含到搜索中。

（27）在 RangeExpression 筛选器的开始和结束标记之间添加以下标记。

> *<asp:ControlParameter ControlID="FromTextBox" />*
> *<asp:ControlParameter ControlID="ToTextBox" />*

（28）这样会将文本框配置为提供筛选器的参数值。完成的 RangeExpression 筛选器的标记类似于以下示例。

> *<asp:RangeExpression DataField="EnrollmentAchievement" MinType="Inclusive" MaxType="Inclusive">*
> *<asp:ControlParameter ControlID="FromTextBox"/>*
> *<asp:ControlParameter ControlID="ToTextBox"/>*
> *</asp:RangeExpression>*

（29）设计完成后 7-4.aspx 页面的主要代码如下。

```
<body>
  <form id="form1" runat="server">
    <asp:LinqDataSource ID="LinqDataSource1" runat="server" ContextTypeName="StudentMIS.
StudentDataContext"
      EntityTypeName="" TableName="Students">
    </asp:LinqDataSource>
    <asp:QueryExtender ID="QueryExtender1" runat="server" TargetControlID="LinqDataSource1">
      <asp:SearchExpression SearchType="StartsWith" DataFields="Name">
        <asp:ControlParameter ControlID="SearchTextBox" />
      </asp:SearchExpression>
        <asp:RangeExpression DataField="EnrollmentAchievement" MinType="Inclusive"MaxType="Incl
usive">
        <asp:ControlParameter ControlID="FromTextBox" />
         <asp:ControlParameter ControlID="ToTextBox" />
        </asp:RangeExpression>
    </asp:QueryExtender>
  Search:
  <asp:TextBox ID="SearchTextBox" runat="server" />
  <br />
  From:
  <asp:TextBox ID="FromTextBox" runat="server"></asp:TextBox>
  To:
  <asp:TextBox ID="ToTextBox" runat="server"></asp:TextBox>
```

```
<br />
<asp:Button ID="Button1" runat="server" Text="Search" />
<asp:GridView ID="GridView1" runat="server" DataSourceID="LinqDataSource1" DataKeyNames="ID"
   AllowPaging="true">
</asp:GridView>
</form>
</body>
```

（30）在浏览器中查看 7-4.aspx，运行结果如图 7-21 所示。

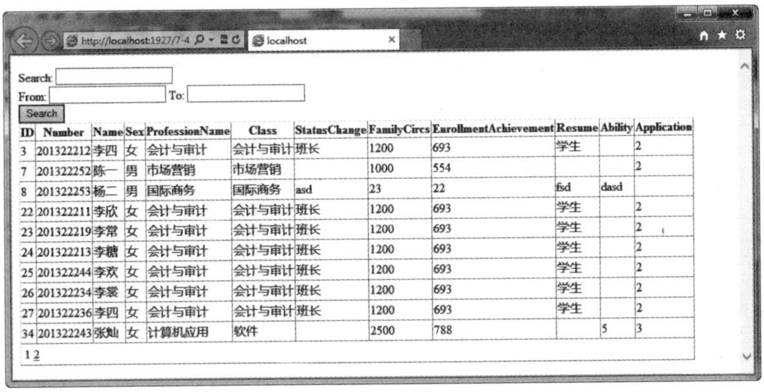

图 7-21　　7-4.aspx 搜索值范围运行效果图

（31）在文本框"From""To"中分别输入 600 和 700，然后点击"Search"按钮，则运行结果如图 7-22 所示。

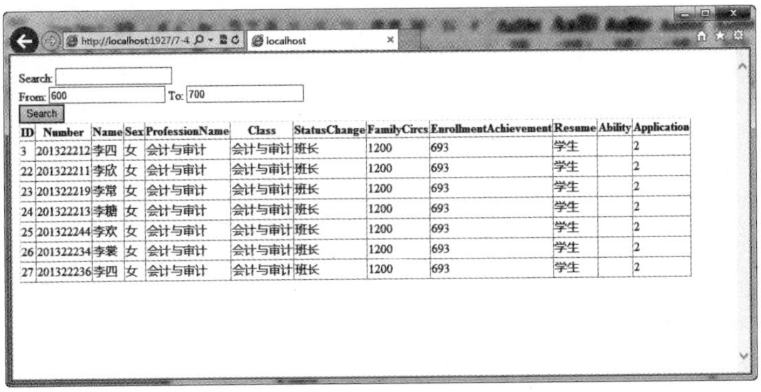

图 7-22　　数据范围筛选结果图

7.4.3　实训：用 QueryExtender 实现人事档案管理的数据筛选功能

实训要求：

（1）创建一个页面，用于对办公自动化系统中人事档案管理的数据进行筛选过滤。

（2）要求使用 LinqDataSource 控件、QueryExtender 控件和 GridView 控件。

（3）要求至少使用 SearchExpression 和 RangeExpression。

 **习 题**

一、选择题

1. 要使用 LINQ，必须引入（　　）命名空间。

（A）Data.Linq　　　（B）Linq.Data　　　（C）System.Linq　　（D）ADO.Linq

2. LINQ 查询表达式以（　　）开头。

（A）query 子句　　（B）select 子句　　（C）where 子句　　　（D）from 子句

3. LINQ 查询表达式以（　　）结尾。

（A）order by 子句　　　　　　　　（B）select 或 group 子句

（C）end 子句　　　　　　　　　　（D）where 子句

4. 下列（　　）不是独立的 ADO.NET 语言集成查询（LINQ）技术。

（A）LINQ to DataSet　　　　　　　（B）LINQ to Entities

（C）LINQ to ADO　　　　　　　　（D）LINQ to SQL

5. 下列（　　）不是 LINQ 查询的主要要素。

（A）数据源　　　（B）目标数据　　　（C）筛选条件　　　（D）安全性

二、操作题

开发远程教学网站的学生信息管理子系统

开发远程教学网站的学生信息管理子系统，要求使用 LINQ 实现学生基本信息的录入、修改和删除并能查看每位学生的基本信息。

项目八　使用 ASP.NET 技术操作文件

8.1　了解 ASP.NET 对文件的操作方法

8.1.1　知识：文件操作知识介绍

在 .NET 类库中，有对文件进行操作的类库，该类库位于 System.IO 命名空间中。通过类库中的有关类，可以完成文件的创建、删除、打开、读、写等操作。对于一个信息系统，如果要将系统中的数据导出到普通文本文件中，或将备份在普通文件中的数据导入到信息系统，则文件操作功能是必须用到的。

跟文件操作有关的类包括 FileInfo 类、File 类、Directory 类、DirectoryInfo 类等，分别介绍如下。

1.FileInfo 类

FileInfo 类可方便地进行文件的复制、移动、重命名、创建、打开、删除和追加。FileInfo 的属性如下。

（1）Attributes，获取或设置当前 FileSystemInfo 的属性，如只读、隐藏。

（2）CreationTime，获取或设置当前 FileSystemInfo 对象的创建时间。

（3）Exists 属性，获取指示文件或目录是否存在的值。如果文件或目录存在，则为 true；否则为 false。

（4）FullName，获取目录或文件的完整目录。

（5）Extension 属性，获取表示文件扩展名部分的字符串。

（6）LastAccessTime 属性，获取或设置上次访问当前文件或目录的时间。

（7）LastWriteTime 属性，获取或设置上次写入当前文件或目录的时间。

（8）Length 属性，获取当前文件的大小。

（9）DirectoryName 属性，获取表示目录的完整路径的字符串。

（10）Name 属性，对于文件，获取该文件的名称。对于目录，如果存在层次结构，则获取层次结构中最后一个目录的名称。否则，Name 属性获取该目录的名称。

2.File 类

该类是一个静态类，不需要实例化即可使用。

该类也能实现文件的复制、移动、重命名、创建、打开、删除和追加操作。还可以通过 File 类来获取和设置文件属性或有关文件创建、访问及写入操作。

File 类常用方法如下。

（1）File.Copy(myfile1,myfile2)，复制文件，myfile1 为待拷贝的源文件，myfile2 为目标文件。

（2）File.Move(myfile1,myfile2)，移动文件，myfile1 为待移动的源文件，myfile2 为目标新路径。

（3）File.Delete(myfile1)，删除文件。

（4）File.Exists(myfile1)，测试文件是否存在于磁盘上。

（5）File.CreateText(myfile)，创建文件。

（6）File.Create (FilePath)，创建指定文件。

3.Directory 类

Directory 类用于典型操作，如复制、移动、重命名、创建和删除目录。也可将 Directory 类用于获取和设置与目录的创建、访问及写入操作相关的 DateTime 信息。

Directory 类的静态方法对所有方法都执行安全检查。如果打算多次重用某个对象，可考虑改用 DirectoryInfo 的相应实例方法，因为并不总是需要安全检查。

Directory 有如下常用方法。

（1）Directory.CreateDirectory (DirPath)，创建目录。

（2）Directory.Move(DirPath1, DirPath2)，移动目录。

（3）Directory.Delete(DirPath)，删除目录。

（4）Directory.Exists(DirPath)，测试目录。

（5）Directory.GetDirectory (DirPath)，获取指定文件夹下的子文件夹，返回到 String 数组。

（6）Directory.GetFile (DirPath)，获取指定文件夹下的子文件名称，返回到 String 数组。

4.DirectoryInfo 类

与 Directory 类不同的是，Directory 为静态类，而 DirectoryInfo 类必须经过实例化后才能使用。

5. 文本文件操作流类

（1）StreamReader，读取流文件。

（2）StreamWriter，写入流文件。

8.1.2　任务 1：判断文件是否存在

1. 任务要求

编写一个 aspx 页面程序，检查磁盘上的 C:\ 下是否存在文件 t.txt，如果有，则将其删除，并在页面上显示"C 盘的 t.txt 文件存在，现已删除！"。如果没有此文件，则在页面上显示"C 盘没有 t.txt 文件！"。

2. 解决步骤

（1）新建 Task8 目录，并在 Task8 中新建一个名称为 StudentMIS 的网站。

（2）在 Task8 目录的 StudentMIS 网站中，添加 Web 窗体 8-01.aspx。

（3）在 8-01.aspx.cs 中引入命名空间：using System.IO。

（4）在 8-01.aspx.cs 的 Page_Load 方法中，输入以下代码。

```
protected void Page_Load(object sender, EventArgs e)
{
    FileInfo fileTT = new FileInfo("C:\\t.txt");
    if (fileTT.Exists)
    {
        fileTT.Delete();
        Response.Write("C 盘的 t.txt 文件存在, 现已删除 !");
    }
    else
        Response.Write("C 盘没有 t.txt 文件 !");
}
```

（5）由于 C 盘没有 t.txt 文件，所以最终运行效果如图 8-1 所示。

图 8-1　文件存在判断运行效果图

8.1.3　任务 2：将页面输入的数据写进文件保存

1. 任务要求

创建一个 Web 页面用于将输入的文字信息保存到 C 盘的一个文本文件中。

2. 解决步骤

（1）在 Task8 目录的 StudentMIS 网站中，添加 Web 窗体 8-02.aspx。

（2）在 8-02.aspx 的设计视图中添加一个 TextBox 控件和 Button 控件，将 TextBox 控件 TextMode 属性设置为 "MultiLine"，Button 的 Text 属性设置为"输入"，并双击 Button 控件，生成 Button1_Click 函数，如图 8-2 所示。

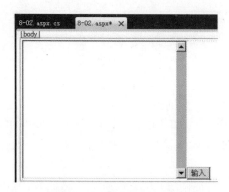

图 8-2　　文字输入界面图

（3）在 8-02.aspx.cs 中引入命名空间：using System.IO。

（4）在 8-02.aspx.cs 的 Button1_Click 方法中，输入以下代码。

```
protected void Button1_Click(object sender, EventArgs e)
{
    try
    {
        StreamWriter sw;
        sw = new StreamWriter("C:\\info.txt");
        sw.Write(TextBox1.Text);
        sw.Close();
        TextBox1.Text = "";
    }
    catch
    {
        Response.Write(" 写入失败 ");
    }
}
```

（5）运行效果如图 8-3 所示。在图 8-3 中输入文字信息，点击"输入"按钮，则会在 C 盘出现 info.txt 文件，如图 8-4 所示。

图 8-3　　在输入界面输入文本示意图

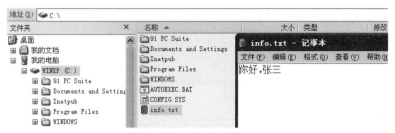

图 8-4   在 C 盘生成 info.txt 文件示意图

8.2   掌握文件的上传和下载方法

8.2.1   知识：文件上传控件 FileUpload 介绍

在 ASP.NET 中提供了一个 FileUpload 控件，用来实现将客户端的文件上传到服务器端。其属性和方法介绍如下。

1. 属性
（1）FileName：获取上传的文件名。

（2）HasFile：是否选择（存在）上传的文件。

（3）ContentLength：获得上窜文件的大小，单位是字节（byte）。

2. 方法
（1）Server.MapPath()：获取服务器上的物理路径。

（2）SaveAs()：保存文件到指定的文件夹。

注意：默认情况下限制上传文件大小为 4MB，通过 Web.config.comments（这个设置是全局的配置）可以修改其默认设置。

（3）或者通过修改 Web.config 文件来改变应用程序上传限制。程序代码如下。

〈*system.web*〉
　　〈*httpRuntime maxRequestLength="40690" executionTimeout="6000"* /〉
〈*/system.web*〉

maxRequestLength 表示可上传文件的最大值，executionTimeout 表示 ASP.NET 关闭前允许发生的上载秒数。

8.2.2   任务 1：实现文件上传功能

1. 任务要求
创建一个 Web 页面用于上传文件到对应的目录中。

2. 解决步骤
（1）在 Task8 目录的 StudentMIS 网站中，添加 Web 窗体 8-03.aspx。

（2）在网站根目录中创建文件夹"upload"。

（3）在 8-03.aspx 的设计视图中，添加 FileUpLoad 控件、Button 控件和 Lable 控件，设置 Button 控件的 Text 属性为"确定上传"，如图 8-5 所示。

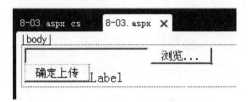

图 8-5   8-03.aspx 页面添加的控件图

（4）双击"确定上传"按钮，生成 Button1_Click 事件代码。

（5）在 8-03.aspx.cs 中引入命名空间：using System.IO。

（6）在 8-03.aspx.cs 的 Button1_Click 函数中添加以下代码。

```
protected void Button1_Click(object sender, EventArgs e)
{
    if (FileUpload1.HasFile)// 判断是否有文件要上传
    {
        try
        {
            FileUpload1.SaveAs(Server.MapPath("upload") + "\\" + FileUpload1.FileName);
            Label1.Text = "<font color='blue'> 文件上传成功 </font><br/>" + " 客户端路径 :" +
FileUpload1.PostedFile.FileName + "<br>" +
                " 文件名 :" +
System.IO.Path.GetFileName(FileUpload1.FileName) + "<br>" +
                " 文件扩展名 :" +
System.IO.Path.GetExtension(FileUpload1.FileName) + "<br>" +
                " 文件大小 " + FileUpload1.PostedFile.ContentLength + "B<br>" +
                " 保存路径 :" + Server.MapPath("upload") + "\\" + FileUpload1.FileName;
        }
        catch (Exception ex)
        {
            Label1.Text = " 发生错误 :" + ex.Message.ToString();
        }
    }
    else
    {
        Label1.Text = " 没有选择要上传的文件 !";
    }
}
```

（7）运行页面，在浏览按钮中上传指定的文件后，出现如图 8-6 所示的文件上传信息。打开网站的 upload 文件夹可查看上传的文件。

图 8-6　　上传文件成功界面

8.2.3　任务 2：将数据库的数据导出到文件

1. 任务要求

创建一个 Web 页面用于将 StudentDB 数据库的 Student 表的内容导出到 C:\info.txt 中。

2. 解决步骤

（1）在 Task8 目录的 StudentMIS 网站中，添加 Web 窗体 8-04.aspx。

（2）在 8-04.aspx.cs 中引入命名空间：using System.IO;using System.Data.SqlClient;using System.Data。

（3）在 8-03.aspx.cs 的 Page_Load 函数中，输入以下内容。

```
protected void Page_Load(object sender, EventArgs e)
{
    FileInfo fileinfo = new FileInfo(@"c:\info.txt");
    if (fileinfo.Exists)// 如果 C 盘存在 info.txt 文件则删除
    {
        fileinfo.Delete();
    }
    StreamWriter sw = new StreamWriter(@"c:\info.txt");// 创建 info.txt 文件
    String connString = "Server=.;Integrated Security=true;Database= StudentDB";
    SqlConnection conn = new SqlConnection(connString);
    conn.Open();
    DataSet ds = new DataSet();
    SqlDataAdapter da = new SqlDataAdapter("select * from Student",conn);
    da.Fill(ds,"Student");
    if (ds.Tables["Student"].Rows.Count > 0)
    {
        int intColumns = ds.Tables["Student"].Columns.Count;
        foreach (DataRow row in ds.Tables["Student"].Rows)
        {
            for (int i = 0; i < intColumns; i++)
            {
                sw.Write(row[i]);
            }
            sw.WriteLine();
        }
```

```
        Response.Write(" 数据已成功导出 ");
        sw.Close();
    }
    else
    {
        Response.Write(" 数据表中无数据导出 ");
    }
}
```

（4）运行页面，出现"数据已成功导出"的信息，如图 8-7 所示，查看和打开 C:\info.txt，得到如图 8-8 所示的结果。

图 8-7   8-04.aspx 页面运行效果图

图 8-8   8-04.aspx 页面导出在 C 盘的数据文件

8.2.4　任务 3：将从页面输入的学生信息保存成文件

1. 任务要求

创建一个 Web 页面用于将从页面输入的学生信息保存到 C:\info.txt，并且学生照片上传到网站对应的目录中。

2. 解决步骤

（1）在 Task8 目录的 StudentMIS 网站中，添加 Web 窗体 8-05.aspx。

（2）在 8-05.aspx.cs 中引入命名空间：using System.IO。

（3）在 8-05.aspx. 的设计视图中添加 8 行 2 列的表格，并将最后一行合并，然后输入内容和放置 TextBox、FileUpload 和 Button 控件，并设置 Button 控件的 Text 属性为"输入"，如图 8-9 所示。

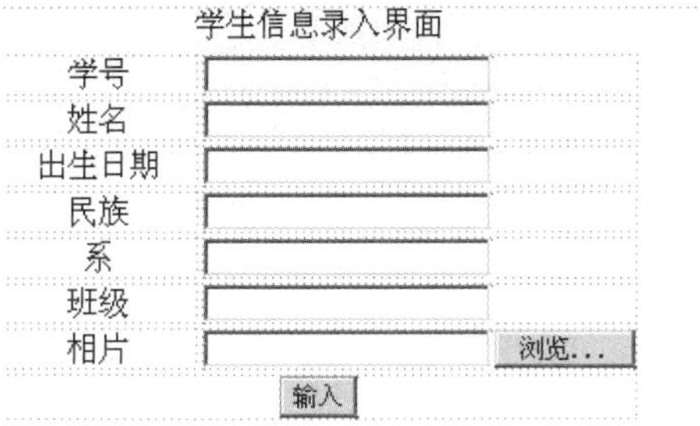

图 8-9　学生信息录入界面

（4）双击"输入"按钮，生成"Button1_Click"事件。然后在 8-05.aspx.cs 中输入以下代码。

```
protected void Button1_Click(object sender, EventArgs e)
{
    FileUpload1.SaveAs(Server.MapPath("upload") + "\\" + FileUpload1.FileName);
    FileInfo fi = new FileInfo(@"c:\a.txt");
    if (fi.Exists)
    {
        StreamWriter sw = File.AppendText(@"c:\a.txt");
        sw.WriteLine(TextBox1.Text);
        sw.WriteLine(TextBox2.Text);
        sw.WriteLine(TextBox3.Text);
        sw.WriteLine(TextBox4.Text);
        sw.WriteLine(TextBox5.Text);
        sw.WriteLine(TextBox6.Text);
        sw.Close();
    }
    else
    {
        StreamWriter sw = new StreamWriter(@"c:\a.txt");
        sw.WriteLine(TextBox1.Text);
        sw.WriteLine(TextBox2.Text);
        sw.WriteLine(TextBox3.Text);
        sw.WriteLine(TextBox4.Text);
        sw.WriteLine(TextBox5.Text);
        sw.WriteLine(TextBox6.Text);
        sw.Close();
    }
}
```

（5）运行页面，如图 8-10 所示，输入学生信息，点击"输入"后，查看和打开 C:\a.txt，得到如图 8-11 所示的文档。

图 8-10   学生信息录入界面

图 8-11   录入的数据保存成文件

8.2.5   实训：创建人事档案信息保存页面

实训要求：

创建一个页面，用于输入人事档案的基本信息，能将人事信息用文本文档的形式保存在网站中的 Web 目录并能将个人相片上传至网站的 PICS 目录中。

8.3   掌握文件和文件夹的操作方法

8.3.1   任务 1：实现文件的移动操作

1. 任务要求
创建一个 Web 页面用于将 C 盘的 a.txt 文件复制或移动到 D 盘。

2. 解决步骤
（1）在 Task8 目录的 StudentMIS 网站中， 添加 Web 窗体 8-06.aspx。

（2）在 8-06.aspx.cs 中引入命名空间：using System.IO。

（3）在 C 盘创建 a.txt 文件。

（4）在 8-06.aspx.cs 的 Page_Load 函数中添加以下代码。

protected void Page_Load(object sender, EventArgs e)

{

```
string OrignFile, NewFile;
OrignFile = "c:\\a.txt";
NewFile = "d:\\a.txt";
File.Copy(OrignFile, NewFile, true);// 复制文件
//File.Move(OrignFile, NewFile);// 移动文件
}
```

（5）若代码中使用 File.Copy(OrignFile, NewFile, true);，则运行页面后，将 C 盘的 a.txt 文件复制到了 D 盘；若代码中使用 File.Move(OrignFile, NewFile);，则运行页面后，将 C 盘的 a.txt 文件移动到了 D 盘。

8.3.2　任务 2：创建文件夹的应用

1. 任务要求

创建一个 Web 页面实现在 C 盘创建 sixAge 的文件夹，在 sixAge 中再创建 sixAge1 和 sixAge2 文件夹；在 sixAge1 和 sixAge2 文件夹里分别创建 sixAge1_1 和 sixAge2_1 的文件夹，如图 8-12 所示。

图 8-12　在 C 盘创建文件夹的结构图

2. 解决步骤

（1）在 Task8 目录的 StudentMIS 网站中，添加 Web 窗体 8-07.aspx。

（2）在 8-07.aspx.cs 中引入命名空间：using System.IO。

（3）在 8-07.aspx.cs 的 Page_Load 函数中添加以下代码。

```
protected void Page_Load(object sender, EventArgs e)
{
    // 创建目录 c:\sixAge
    DirectoryInfo d = Directory.CreateDirectory("c:\\sixAge");
    // d1 指向 c:\sixAge\sixAge1
    DirectoryInfo d1 = d.CreateSubdirectory("sixAge1");
    // d2 指向 c:\sixAge\sixAge1\sixAge1_1
    DirectoryInfo d2 = d1.CreateSubdirectory("sixAge1_1");
    // 将当前目录设为 c:\sixAge
    Directory.SetCurrentDirectory("c:\\sixAge");
    // 创建目录 c:\sixAge\sixAge2
    Directory.CreateDirectory("sixAge2");
    // 创建目录 c:\sixAge\sixAge2\sixAge2_1
    Directory.CreateDirectory("sixAge2\\sixAge2_1");
}
```

（4）运行页面，则可查看到在 C 盘创建了如图 8-12 所示的文件夹结构。

8.3.3　拓展：文件录入数据库和从数据库导出

1. 拓展知识

在 ASP.NET 页面实现文件上传的方法，除了以上介绍的将文件直接保存到网站的某个目录的方法之外，还可以将文件直接保存进数据库。要在数据库中保存文件，往往使用 image 类型的字段来保存。现有 file 数据库，在 file 数据库中有 fileupload 表，字段设置如图 8-13 所示，filename 代表文件名，fileupload 代表上传的文件，filetype 代表上传文件的扩展名。

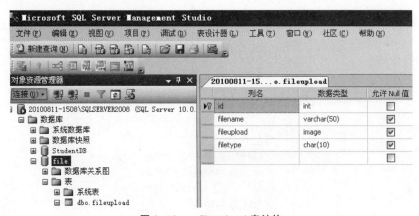

图 8-13　　fileupload 表结构

现要实现通过 ASP.NET 页面实现将文件上传到数据库中，并能从数据库将对应的文件导出和下载。

2. 设计步骤

（1）在 Task8 目录的 StudentMIS 网站中，添加一个 Web 窗体 Extension1.aspx。

（2）将 File 数据库附加到 SQL Server 2010 中。

（3）将 FileUpload 控件和两个 Button 控件放置在 Extension1.aspx 页面的设计视图中，并设置两个 Button 的 Text 属性分别为"上传并录入数据库"和"从数据库中导出"，如图 8-14 所示。

图 8-14　文件录入界面

（4）双击两个 Button，分别生成 Button1_Click 和 Button2_Click 事件。

（5）在 Extension1.aspx.cs 中引入命名空间：using System.IO;using System.Data.SqlClient;using System.Data。

（6）在 Button1_Click 函数中输入以下代码。

```
protected void Button1_Click(object sender, EventArgs e)
{
```

```
string FileName;
string FileType;
int Size;
string Date;
string Url;
if (FileUpload1.PostedFile.FileName != "")
{
    string[] filename = FileUpload1.PostedFile.FileName.Split('.');
    FileName = filename[0].Substring(filename[0].LastIndexOf("\\") + 1);
    FileType = filename[1];
    Size = FileUpload1.PostedFile.ContentLength;
    Date = System.DateTime.Now.ToShortDateString();
    string uppath = @"UpLoadFiles\";
    Url = uppath.Replace(@"\", "/") + "/" + FileName + '.' + FileType;
    Response.Write(FileName + " " + FileType + " " + Size.ToString() + " " + Date + " " + uppath +
" " + Url);
    try
    {
        if (!System.IO.Directory.Exists(Server.MapPath(uppath)))
        {
            System.IO.Directory.CreateDirectory(Server.MapPath(uppath));
        }
        string strUrl = Server.MapPath(uppath + @"\" + this.FileUpload1.FileName);
        FileUpload1.SaveAs(strUrl);

        // 以下是将文件从流中读到 bytes 中
        FileInfo fi = new FileInfo(strUrl);
        FileStream fs = fi.OpenRead();
        byte[] bytes = new byte[fs.Length];
        fs.Read(bytes, 0, Convert.ToInt32(fs.Length));
        fs.Dispose();
        string constr = "Server =.;Integrated Security =true;Database = file";

        SqlConnection sqlcon = new SqlConnection(constr);
        SqlCommand cmd = sqlcon.CreateCommand();
        sqlcon.Open();// 以下将文件 insert 到数据库
        string str = "insert into fileupload(FileName,FileType,fileupload) values('" + FileName + "','" +
FileType + "',@file)";
        SqlParameter spFile = new SqlParameter("@file", SqlDbType.Image);
        spFile.Value = bytes;
        Response.Write(spFile.Value.ToString());
        cmd.Parameters.Add(spFile);
        cmd.CommandText = str;
        Response.Write(cmd.CommandText);
        cmd.ExecuteNonQuery();
        sqlcon.Close();
        Response.Write("<script language=\"javascript\"> window.alert(\"" + FileName + '.' + FileType
```

```
    + "文件成功录入数据库！ " + "\");</script>");
        //
        }
        catch (Exception ex)
        {
            Response.Write("文件上传失败！ " + ex.ToString());
        }
        }
        else
        {
            Response.Write("请选择要上传的文件！ ");
        }
    }
```

（7）在 Button2_Click 函数中输入以下代码。

```
protected void Button2_Click(object sender, EventArgs e)
{
    string constr = "Server=.;Integrated Security=true;Database=file";
    SqlConnection sqlcon = new SqlConnection(constr);
    SqlCommand cmd = sqlcon.CreateCommand();
    sqlcon.Open();
    cmd.CommandType = CommandType.Text;
    cmd.CommandText = "select filename,filetype,fileupload from fileupload where ID=4";// 根据 ID 号来把对应
的文件导出
    SqlDataReader dr = cmd.ExecuteReader();
    byte[] File = null;
    if (dr.Read())
    {
        File = (byte[])dr[2];
        FileStream fs;
        FileInfo fi = new System.IO.FileInfo(@"c:\" + dr[0] + "." + dr[1]);
        fs = fi.OpenWrite();
        fs.Write(File, 0, File.Length);
        fs.Close();
    }
}
```

（8）运行 Extension1.aspx 页面后，选择一个文件，点击"上传并录入数据库"按钮后，如图 8-15 所示。

图 8-15   文件成功录入数据库对话框

（9）打开 SQL Server2010，并展开 file 数据库的 fileupload 表的内容如图 8-16 所示，文件已存进数据表 fileupload 的 fileupload 字段。

图 8-16　文件在数据库保存

（10）回到页面，点击"从数据库中导出"的按钮，则可查看到上传到数据库的文件被导出保存到了 C 盘，如图 8-17 所示。

图 8-17　文件从数据库导出保存在 C 盘

8.3.4　实训：创建人事档案文件管理页面

实训要求：

创建一个页面，用于上传、导出和下载个人简历文档，个人简历文档通过页面上传后保存在数据库中，提供将个人简历文档从数据库导出到网站的 OUTPUT 目录，并在页面提供下载链接。

　习　题

一、选择题

1. 下列（　　）不是跟文件操作有关的类。

（A）FileInfo 类　　　　　　　　　　　（B）Directory 类

（C）DirectoryInfo 类　　　　　　　　（D）GridView 类

2．FileInfo 类不能实现的功能是（　　　）。

（A）复制文件　　　　　　　　　　　　（B）移动文件

（C）删除文件   （D）格式化 C 盘

3. 要将页面的信息保存成文本文档，需要用到（   ）。

（A）Stream 类   （B）StreamReader 类

（C）StreamWriter 类   （D）SaveAs 类

4. 测试目录是否存在，用到 Directory 的（   ）方法。

（A）Test()   （B）IfExists()

（C）TestDir()   （D）Exists()

5. 文件上传用到下列（   ）控件。

（A）UpLoad   （B）FileUpLoad

（C）File   （D）UpLoadFile

二、操作题

实现网络教学系统的作业管理子系统

实现网络教学系统中的作业管理子系统，要求能够上传、浏览、下载作业，并能将作业数据导出。

项目九　配置和部署 ASP.NET Web 应用程序

学习目标

☆ 掌握 Web.config 文件的配置方法

☆ 掌握部署 ASP.NET Web 应用程序的不同方法

9.1　掌握配置 ASP.NET Web 应用程序的方法

9.1.1　知识：配置 ASP.NET Web 应用程序

1.ASP.NET 配置概述

使用 ASP.NET 配置系统的功能，可以配置整个服务器上的所有 ASP.NET 应用程序、单个 ASP.NET 应用程序、各个页面或应用程序子目录。可以配置各种功能，如身份验证模式、页缓存、编译器选项、自定义错误、调试和跟踪选项等等。

注意： ASP.NET 配置系统的功能仅适用于 ASP.NET 资源。例如，Forms 身份验证仅限制对 ASP.NET 文件的访问，而不限制对静态文件或 ASP（传统型）文件的访问，除非这些资源映射到 ASP.NET 文件扩展名。要配置非 ASP.NET 资源，应使用 Internet 信息服务 (IIS) 的配置功能。

（1）配置文件

ASP.NET 配置数据存储在全部命名为 Web.config 的 XML 文本文件中，Web.config 文件可以出现在 ASP.NET 应用程序的多个目录中。使用这些文件，可以在将应用程序部署到服务器上之前、期间或之后方便地编辑配置数据。可以通过使用标准的文本编辑器、ASP.NET MMC 管理单元、网站管理工具或 ASP.NET 配置 API 来创建和编辑 ASP.NET 配置文件。

ASP.NET 配置文件将应用程序配置设置与应用程序代码分开。通过将配置数据与代码分开，可以方便地将设置与应用程序关联，在部署应用程序之后根据需要更改设置，以及扩展配置架构。

（2）配置文件层次结构和继承

每个 Web.config 文件都将配置设置应用于它所在的目录以及它下面的所有子目录。可以选择用子目录中的设置重写或修改父目录中指定的设置。通过在 location 元素中指定一个路径，可以选择将 Web.config 文件中的配置设置应用于个别文件或子目录。

ASP.NET 配置层次结构的根为 systemroot\Microsoft.NET\Framework\versionNumber\CONFIG\Web.config 文件，该文件包括应用于所有运行某一具体版本的 .NET Framework

的 ASP.NET 应用程序的设置。由于每个 ASP.NET 应用程序都从根 Web.config 文件那里继承默认配置设置，因此只需为重写默认设置的设置创建 Web.config 文件。（注意：根 Web.config 文件从 Machine.config 文件那里继承一些基本配置设置，这两个文件位于同一个目录中。其中的某些设置不能在 Web.config 文件中被重写。）

运行时，ASP.NET 使用 Web.config 文件按层次结构为传入的每个 URL 请求计算唯一的配置设置集合。这些设置只计算一次，随后将缓存在服务器上。ASP.NET 检测对配置文件进行的任何更改，然后自动将这些更改应用于受影响的应用程序，而且大多数情况下会重新启动应用程序。只要更改层次结构中的配置文件，就会自动计算并再次缓存分层配置设置。除非 processModel 节已更改，否则 IIS 服务器不必重新启动，所做的更改即会生效。

2. 应用程序配置文件 Web.config

每个配置文件都包含嵌套的 XML 标记和子标记，这些标记和子标记具有用来指定配置设置的属性。所有的配置信息都驻留在 <configuration> 和 </configuration> 根 XML 标记之间。这些标记之间的配置信息分为两个主区域：配置节处理程序声明区域和配置节设置区域。

下面的 Web.config 文件配置示例说明了常用的配置节，并且这些节位于：

```
< configuration >
    < system.web >
```

和

```
    < /system.web >
< /configuration >
```

之间。

（1）< authentication >节

作用：配置 ASP.NET 身份验证支持（为 Windows、Forms、PassPort、None 四种）。该元素只能在计算机、站点或应用程序级别声明。< authentication >元素必须与 < authorization >节配合使用。

示例：以下示例为基于窗体（Forms）的身份验证配置站点，当没有登陆的用户访问需要身份验证的网页，网页自动跳转到登陆网页。

```
< authentication mode="Forms" >
< forms loginUrl="logon.aspx" name=".FormsAuthCookie"/ >
< /authentication >
```

其中元素 loginUrl 表示登陆网页的名称，name 表示 Cookie 名称。

（2）< authorization >节

作用：控制对 URL 资源的客户端访问（如允许匿名用户访问）。此元素可以在任何级别（计算机、站点、应用程序、子目录或页）上声明。必须与< authentication >节配合使用。

示例：以下示例禁止匿名用户的访问。

```
< authorization >
< deny users="?"/ >
```

< /authorization >

提示：可以使用 user.identity.name 来获取已经过验证的当前的用户名；可以使用 web.Security. FormsAuthentication.RedirectFromLoginPage 方法将已验证的用户重定向到用户刚才请求的页面。

（3）< compilation >节

作用：配置 ASP.NET 使用的所有编译设置。默认的 debug 属性为"true"，在程序编译完成交付使用之后应将其设为 true。

（4）< customErrors >节

作用：为 ASP.NET 应用程序提供有关自定义错误信息的信息。它不适用于 XML Web services 中发生的错误。

示例：当发生错误时，将网页跳转到自定义的错误页面。

< customErrors defaultRedirect="ErrorPage.aspx" mode="RemoteOnly" >
< /customErrors >

其中元素 defaultRedirect 表示自定义的错误网页的名称。mode 元素表示：对不在本地 Web 服务器上运行的用户显示自定义（友好的）信息。

（5）< httpRuntime >节

作用：配置 ASP.NET HTTP 行库设置。该节可以在计算机、站点、应用程序和子目录级别声明。

示例：控制用户上传文件最大为 4M，最长时间为 60 秒，最多请求数为 100。

< httpRuntime maxRequestLength="4096" executi
appRequestQueueLimit="100"/ >

（6）< pages >节

作用：标识特定于页的配置设置（如是否启用会话状态、视图状态，是否检测用户的输入等）。< pages >可以在计算机、站点、应用程序和子目录级别声明。

示例：不检测用户在浏览器输入的内容中是否存在潜在的危险数据（注：该项默认是检测，如果你使用了不检测，一定要对用户的输入进行编码或验证），在从客户端回发页时将检查加密的视图状态，以验证视图状态是否已在客户端被篡改（注：该项默认是不验证）。

< pages buffer="true" enableViewStateMac="true" validateRequest="false"/ >

（7）< sessionState >

作用：为当前应用程序配置会话状态设置（如设置是否启用会话状态，会话状态保存位置）。

示例：

< sessionState mode="InProc" cookieless="true" timeout="20"/ >
< /sessionState >

代码说明：
mode="InProc"：表示在本地储存会话状态（你也可以选择储存在远程服务器或 SAL 服务器中或不启用会话状态）。
cookieless="true"：表示如果用户浏览器不支持 Cookie 时启用会话状态 (默认为 false)。
timeout="20"：表示会话可以处于空闲状态的分钟数。

（8）＜ trace ＞节

作用：配置 ASP.NET 跟踪服务，主要用来程序测试判断哪里出错。

示例：以下为 Web.config 中的默认配置。

＜ trace enabled="false" requestLimit="10" pageOutput="false" traceMode="SortByTime" localOnly="true" / ＞

代码说明：
enabled="false"：表示不启用跟踪；requestLimit="10" 表示指定在服务器上存储的跟踪请求的数目。
pageOutput="false"：表示只能通过跟踪实用工具访问跟踪输出。
traceMode="SortByTime"：表示以处理跟踪的顺序来显示跟踪信息。
localOnly="true"：表示跟踪查看器（trace.axd）只用于宿主 Web 服务器。

9.1.2　任务：使用 Web. 列举 Config 文件配置 Web 应用程序

1. 任务要求

配置 Web.config 文件，使程序的验证模式为窗体验证模式，如果验证不通过将重定向到 login.aspx 登录页面，如果验证通过则进入系统。

2. 解决步骤

（1）新建 Task9 目录，并在 Task9 中新建一个名称为 StudentMIS 的网站。首先在应用程序配置文件 Web.Config 中进行设置。

＜authentication mode="Forms"＞
　　　＜forms name="confDemo" loginUrl="Login.aspx" protection="All" timeout="30" defaultUrl="Default.aspx" /＞
＜/authentication＞
＜authorization＞
　　　＜deny users="?" /＞
＜/authorization＞

上面的设置信息把验证模式设为窗体验证模式，如果验证不通过将重定向到 Login.aspx 登录页面，设置 cookie 保护模式为 All，并设置 cookie 失效时间为 30 分钟。

（2）新建 Web 窗体文件，命名为 login.aspx，界面设计如图 9-1 所示。

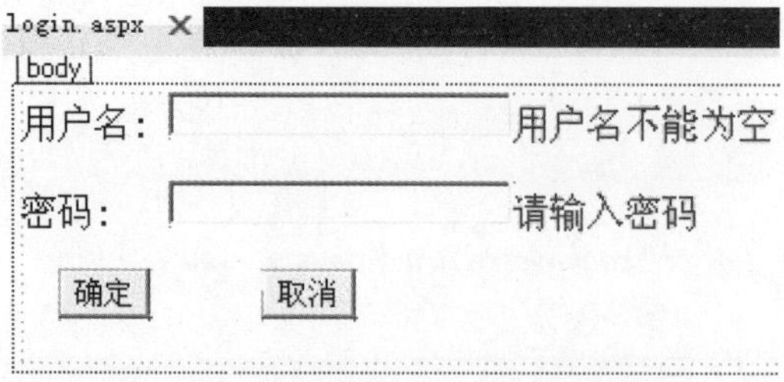

图 9-1　login.aspx 界面设计

添加了两个 TextBox 控件，用于完成用户名和密码的输入；一个 Button 控件，用于提交信息；两个 RequiredFieldValidator 控件，用于验证 TextBox 输入是否为空。

（3）在确定按钮的单击事件中，写入如下代码。

```
private void Button1_Click(object sender, System.EventArgs e)
{
    if(tbUserName.Text == "admin" && tbPassword.Text == "password")
    {
        FormsAuthentication.RedirectFromLoginPage("admin",true);
    }
    else
    Response.Redirect("login.aspx");
}
```

如果能通过 Cookie 验证，将重定向到 Default.aspx 页面；如果不能通过的话，则重返登录界面。这里只设置了一个验证值：用户名为"admin"；密码为"password"。

（4）验证成功时，重定向页面使用了 FormsAuthentication 类的 RedirectFrom-LoginPage 方法。这样需要另添加一个 Web 窗体文件，命名为 Default.aspx。其界面设计比较简单，只显示登录成功后的欢迎界面。如图 9-2 所示。

图 9-2　Default.aspx 登录成功的欢迎页面

（5）应用程序都设置完成后，【Ctrl】+【F5】执行程序，如图 9-3 所示为登录界面，在这里进行身份验证功能。

图 9-3　用户登录界面

（6）在输入框中输入用户名及密码，然后单击【确定】按钮。如果输入为"admin"和"password"，则进入如图 9-4 所示的界面；否则不能通过验证，重新返回登录页。

欢迎登录学生管理信息系统！

图 9-4　登录成功页面

9.2   掌握部署 ASP.NET Web 应用程序方法

9.2.1   知识：部署 ASP.NET Web 应用程序

在 Web 应用程序基本开发完成后，我们就要将该应用部署到用于测试的 Web 服务器（测试服务器）或部署到用户可以使用该网站的服务器（成品服务器）上。部署方法有以下几种。

1. 使用 XCOPY 部署

XCOPY 是 .NET 应用程序最简单的部署方法。XCOPY 可以简单地将你的 Web 应用程序的所有文件拷贝到目的服务器的指定路径下，例如使用命令如下。

Xcopy E:\DocLzj\Visual Studio 2010\WebSites\StudentMIS D:\StudentMIS/e/k/r/o/h/I

执行后，会将当前的应用 StudentMIS 的所有文件拷贝到 D 盘的 StudentMIS 目录中去，之后在 IIS 中创建虚拟目录，指向该目录就可以了。（关于 XCOPY 的使用方法，请参考具体的相关命令帮助。）

2. 使用 Visual Studio 2010 的复制网站功能部署

Visual studio 的复制网站功能，可以很方便地让我们进行 Web 应用程序的部署和安装。使用该功能，可以将 Web 工程复制到同一服务器或者其他服务器上，或者 FTP 上。但要注意的时，使用该功能时，仅仅是将文件复制到目的路径中去，并不执行任何的编译操作。

在 Visual studio 2010 中，选择【网站】菜单中的【复制网站】，将出现如图 9-5 所示的对话框。

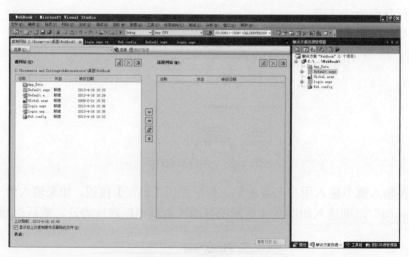

图 9-5   复制网站（一）

其中，左边部分是源文件的路径，右边部分是你将要部署的目的路径。

在使用时，先点击"连接"小图标，弹出的对话框如图 9-6。

图 9-6　复制网站（二）

这里可以选择将你本地的 Web 应用程序复制到什么地方，比如是选择文件系统，本地 IIS，FTP 站点，或者远程站点。在选择好目的路径后，就可以点选"复制网站"按钮，系统会自动将应用系统的文件复制到目的路径中去，并显示复制后的日志记录。

3. 使用 Visual Studio 2010 的发布网站功能部署

早在上一版本的 ASP.NET 2.0 中已经出现了一个特性，就发布网站后采用了动态编译，使到可以在编辑或者保存修改后的网页后，直接在浏览器中访问，而不需要再次编译，但这有个缺点，编译过程将导致第一次请求 ASP.NET 页面时的响应速度比后续请求慢，而在 ASP.NET 4.0 中，另外提供了预编译的功能（Precompiling），使用该功能，可以立即将结果显示给第一个用户，并且可以在批编译过程中检测到 ASPX 页面中的任何错误。但是，批编译确实会延长应用程序的启动时间，而且必须内置在 Web.config 文件中。

在 Visual studio 2010 中，选择【生成】菜单中的【发布网站】，将出现如图 9-7 所示的对话框。

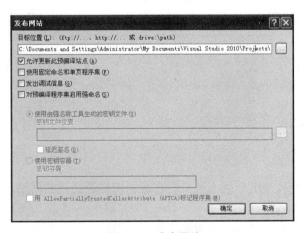

图 9-7　发布网站

在此对话框中，选择要编译发布的目标网站的路径，则所有的文件都会被部署预编译到所选择的目录下。

9.2.2　任务1：部署 Web 应用程序

1.任务要求

将本书所开发的 StudentMIS 应用发布到 IIS 上去。

2.解决步骤

这里我们采用前面提到的第二种方式，即：复制网站进行部署。

（1）在 Visual studio 2010 中，选择【网站】菜单中的【复制网站】，将出现如图9-5所示的对话框。

（2）在图9-5 所示的对话框中点击【连接】，接着出现如图9-6 所示的对话框，然后选择【本地 IIS】；正确连接后，出现如图9-8 所示对话框。

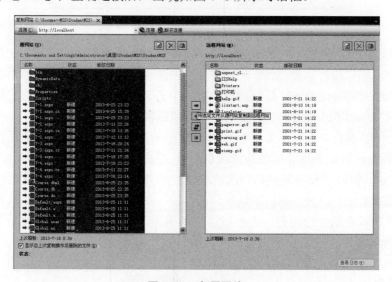

图 9-8　部署网站

（3）在图9-8 对话框中，选择左侧要部署的全部文件，然后点击中间四个按钮的最上面的一个，将选定文件从源网站复制到远程网站。

（4）最后，部署完成。如果要了解部署的详细过程，可点击"查看日志"了解详细情况。

9.2.3　任务2：更新 Web 应用程序

1.任务要求

当 Web 应用程序升级更新后，要及时将最新的修改更新的网站上去。

2.解决步骤

采用复制网站的方法对 Web 应用程序进行升级时，和部署的方法类似，只是在连接到远程网站后，系统会自动提示远程网站和本地开发环境中的应用的差异，并提示进行更新；选择完要更新的文件后，单击中间四个按钮中的第三个，即：在源网站和远程网站的相同相对路径间同步所选文件即可，则完成 Web 应用更新。

 **习　题**

一、填空题

1. 一般来说，Web.Config 文件的根为＿＿＿＿＿＿标记。也就是说，所有的配置信息都包含在＿＿＿＿＿＿和＿＿＿＿＿＿标记之间。开发人员最常用，也最有用的是＿＿＿＿＿＿标记，在这里可以完成大多数网站参数的设置。

2. Web.Config 中的＿＿＿＿＿＿主要用于完成应用程序的全局配置工作。

二、问答题

根据以下某个应用程序的 Web.Config 文件，回答下列问题。

```
<?xml version="1.0" encoding="utf-8" ?>
<configuration>
    <system.web>
        <compilation defaultLanguage="c#" debug="true" />
        <customErrors mode="RemoteOnly" />
        <authentication mode="Windows" />
        <authorization>
        <deny users="? *" />
        </authorization>
        <trace enabled="false" requestLimit="10" pageOutput="false"
        traceMode="SortByTime" localOnly="true" />
    </system.web>
</configuration>
```

1. 该 Web.Config 文件指定了何种验证机制？

2. 未通过身份验证的用户可以访问该 Web 应用程序吗？

3. 该 Web 应用程序的默认编程语言是什么？

附录 A：C# 语言基础

A.1 简单的 C# 程序

这里将介绍一个简单的 C# 程序 "Hello World"，通过对该程序的分析来初步了解 C# 语言。该程序代码如下。

```
Using System;
class HelloWorld
{
    public static void Main()
    {
            Console.WriteLine("Hello World");// 在控制台输出字符串
    }
}
```

该程序将在命令控制台输出 "Hello World" 语句。下面对该程序进行简单地分析。

"using System" 中 "System" 是命名空间，而 "using" 指令是在应用程序中引入命名空间，在这之后，就可以直接使用它们的方法和属性而不需再规定命名空间了。

在 C# 中，"class" 用来定义类，代码块由 "{}" 包含起来。

"//" 是一行注释，告诉编译器忽略由 "//" 开始至该行结尾为止的内容。在 C# 中还有另一种注释方法：块注释。块注释由 "/*" 开始，到 "*/" 结束。

每一个 C# 程序都包含一个 Main() 方法，它是程序执行的起点和终点。关键字 "public" 表明该方法是公共的，"void" 修饰符意味着该方法没有返回值。

"Console.WriteLine("Hello World");" 将在控制台上输出 "Hello World" 字符串。

A.2 C# 的基本语法

A.2.1   标识符

标识符是一串字符，是给变量、用户自定义类型和这些类型的成员指定的名称。C# 标识符有如下强制规则。

（1）标识符区分大小写。

（2）标识符必须是以字母或下划线开头，其后可以跟随任意字母、数字和下划线。

（3）不能把关键字作为标识符。

A.2.2　数据类型

在 C# 中，数据类型分为两种：值类型和引用类型。从概念上讲，值类型直接存储其值，而引用类型存储其值的引用。值类型存储在堆栈中，而引用类型存储在托管堆上。

1. 值类型

值类型包括简单数据类型、结构类型和枚举类型。

（1）简单数据类型

简单数据类型都是 .NET 系统类型的别名。表 A-1 列出了所有的简单数据类型及其相关内容。

表 A-1　简单数据类型及其说明

类型	关键字	所占字节数	范围	.NET Framework 类型
整型	byte	1	$0 \sim 255$	System.Byte
	sbyte	1	$-128 \sim 127$	System.Sbyte
	short	2	$-32768 \sim 32767$	System.Int16
	ushort	2	$0 \sim 65535$	System.UInt16
	int	4	$-2147483678 \sim 2147483647$	System.Int32
	uint	4	$0 \sim 4294967295$	System.UInt32
	long	8	$-9223372036854775808 \sim 9223372036854775807$	System.Int64
	ulong	8	$0 \sim 18446744073709551615$	System.UInt64
浮点型	float	4	$\pm 1.5 \times 10^{-45} \sim \pm 3.4 \times 10^{38}$	System.Single
	double	8	$\pm 5.0 \times 10^{-324} \sim \pm 1.7 \times 10^{308}$	System.Double
字符型	char	2	Unicode 字符集	System.Char
布尔型	bool	1	true 或 false	System.Boolean
小数型	decimal	16	$\pm 1.0 \times 10^{-28} \sim \pm 7.9 \times 10^{28}$	System.Decimal

（2）结构类型

结构类型一般由一个或多个基本数据类型组成。将数据类型相同或不同的一组相关变量组合在一起就构成了结构。

结构类型必须先声明后使用，声明结构类型的语法格式如下。

struct 结构名称
{
　　结构成员定义；
}

结构成员的访问有两种方法：对于实例成员必须用结构变量来访问，结构变量 . 成员名；对于静态成员可以通过结构名来访问，结构名 . 成员。声明结构变量的语法如下。

结构名 结构变量；

（3）枚举类型

枚举类型为一组指定常量的集合。声明枚举类型必须使用 enum 关键字，语法格式如下。

enum 枚举名 { 枚举成员名 1, 枚举成员名 2,…}

枚举成员的枚举值都默认为整型，且第一个成员的值默认为 0，其他成员依次增加 1，也可以单独指定值。

2. 引用类型

应用类型不存储它们所代表的实际数据，而存储实际数据的引用。在 C# 中引用类型包括类类型、委托、数组和接口等。这里首先介绍类类型中的对象类型（object 类型）和字符串类型（string 类型）。

（1）对象类型（object 类型）

在 C# 语言中 object 类型是所有类型的基类，所有内置的和用户自定义的数据类型都是从 object 类型派生出来的。任一个 object 类型变量，可以赋予任何类型的值。

（2）字符串类型（string 类型）

在 C# 语言中，字符串是被双引号包含的一串字符。string 类型是专门用于处理字符串的引用类型。

string 类型虽是引用类型，但相等运算符 (==) 和不等运算符号 (!=) 被定义为比较字符串对象的值，其结果为 true 或 false。"+" 运算符用于连接字符串。

A.2.3 常量与变量

1. 常量

常量也称为常数，是指在整个程序运行过程中不发生变化的量。

在 C# 中，使用 const 语句定义常量，语法格式如下。

const 数据类型 常量名 = 表达式;

其中 "表达式" 可以是数值常量、字符串常量或由常量和运算符组成的表达式。常量只能赋予初始值，且以后不能再改变。

2. 变量

变量是值在程序运行期间其值可以变化的量，其实质是程序运行过程中用于存储数据的存储单元。每个变量都有一个名称和数据类型。变量在使用之前必须声明，即定义变量的名称和数据类型，只有声明后的变量才能在程序代码中使用。

（1）变量的声明

声明变量的格式如下。

数据类型 变量名 1, 变量名 2,…

也可以声明的同时对变量赋初值，例如：int i, j=12。

C# 编译器默认所有带小数点的数字都是 double 类型的，如要对 float 数据类型的变量赋值就需要在数字后面加上 "f" 或 "F"，例如：float pi = 3.1415F。

（2）变量的赋值

变量的实质是内存中用于存储数据的存储单元，将数据保存到变量中的过程，成为变量赋值。变量赋值的语法格式如下所示。

变量名 = 表达式;

其中，表达式是由常量、变量和运算符组成。在赋值时表达式的值类型必须与变量的数据类型一致，如果不一致则按 C# 的默认数据转换规则转换，系统自动转换不了时，就报错。

A.2.4　类型转换

在一定条件下，将一种数据类型变为另一种数据类型的过程称为类型转换。C# 中数据类型之间的转换分为显式转换和隐式转换。

1. 隐式转换

隐式转换是系统默认的、不需要加以声明就可以进行的类型转换，编译器根据不同类型之间的转换规则自动进行隐式转换。简单数据类型的转换规则遵守"由低级（字节数和精度）类型向高级类型转换，结果为高级类型"的原则。所以当一个较为低级的数据类型和较高级的数据类型混合运算时，低级的数据类型首先转换成高级的数据类型，然后再参与计算，最终结果也转换成了高级类型。C# 支持的隐式转换如下：

（1）从 sbyte 到 short、int、long、float、double、decimal。

（2）从 byte 到 short、ushort、int、uint、long、ulong、float、double、decimal。

（3）从 short 到 int、long、float、double、decimal。

（4）从 ushort 到 int、uint、long、ulong、float、double、decimal。

（5）从 int 到 long、float、double、decimal。

（6）从 uint 到 long、ulong、float、double、decimal。

（7）从 long 到 float、double、decimal。

（8）从 ulong 到 float、double、decimal。

（9）从 char 到 ushort、int、uint、long、ulong、float、double、decimal。

（10）从 float 到 double。

2. 显式转换

显式转换是指由用户明确指定转换类型的强制进行的数据类型转换。进行数据类型显式转换的方法有两种。

一种是使用类型转换关键字，将关键字置于括号中，并将把括号后面的表达式强制转换为类型标识符所指定的类型。语法格式如下：

(类型标识符) 表达式;

另一种是使用 Convert 类或 Parse() 方法进行转换。

A.3　运算符与表达式

运算符是用于描述各种不同运算的符号。根据操作数的数目的不同，运算符可分为单目（只有一个操作数）、双目（有两个操作数）和三目（三个操作数）。按功能可分为算术运算符、赋值运算符、关系运算符、逻辑运算符、条件运算符等。

表达式是由变量、常量、运算符按一定的规则组成的，每个表达式都返回唯一的运算结果，运算结果的类型由数据和运算符决定。

A.3.1　算术运算符

算术运算符是最常用的运算符，用来执行算术运算。C#提供了的算术运算符有 +、−、*、/、%、++、−−。

A.3.2　赋值运算符

赋值运算符的作用是将数据赋给一个变量，"="就是最简单的赋值运算符。其它赋值运算符有 +=、−=、*=、/=、%=，这些运算符的左侧必须是一个变量，右侧是一个与变量类型匹配的表达式。赋值运算符的结合方向是自右向左结合的，例如 x+=y*2−10 相当于 x+=(y*2−10)，等价于 x = x + (y*2−10)。

A.3.3　关系运算符

关系运算符属于双目运算符，用来比较两个表达式的值，比较的结果为布尔类型值，若关系成立则返回 true，否则返回 false。表 A-2 列出了 C#中的关系运算符。

表 A-2　关系运算符

关系运算符	含义	运算符	含义
==	等于	＜	小于
＞	大于	<=	大于等于
＞=	大于等于	!=	不等于

A.3.4　逻辑运算符

逻辑运算符的作用是将操作数进行逻辑运算，结果为逻辑值 true 或 false。逻辑运算符中除"!"为单目运算符外，其他都为双目运算符。表 A-3 列出了 C#中的逻辑运算符。

表 A-3　逻辑运算符

逻辑运算符	含义
!	非，由真变假或由假变真
&&	与，两个表达式同时为真值为真，否则为假
||	或，两个表达式有一个为真则值为真，否则为假

A.3.5　条件运算符

条件运算符"?:"是唯一的一个三目运算符，它需要三个操作数。表达式的格式如下。

关系表达式 ? 表达式 1 : 表达式 2

表达式的求解为：如果关系表达式的值为 true，则条件表达式的值为表达式 1 的值，否则为表达式 2 的值。

A.3.6 运算符的优先级

当表达式中有多种运算符共存时，表达式的运算顺序按运算符的优先级来进行。如果需要特别指明求解顺序，可以使用括号来明确。表 A-4 列出了 C# 中各运算符的优先级。

表 A-4 各运算符的优先级

	运算符
最高	. [] () ++（后缀）--（后缀）new
	++（前缀）--（前缀）~ !
	* / %
	+ -
	<< >>
	< <= > >= is as
	== !=
	&
	^
	|
	&&
	||
	?:
最低	= += -= *= /= %= ^= <<= >>= &= |=

当表达式中运算符优先级一样时，按运算符的结合性来控制表达式的运算顺序。赋值运算符和条件运算符是右结合；其他运算符都是左结合的。

A.4 流程控制语句

结构化程序设计是重要的一种程序设计方法，它有三种结构：顺序结构、分支结构和循环结构。顺序结构就是按照语句的书写顺序依次执行，分支结构是根据给定的条件来决定执行哪个分支的相应操作，循环结构是有规律地重复执行某一段程序的结构。

A.4.1 条件语句

条件语句就是对条件进行判断，根据判断结果选择执行不同的分支。C# 提供了多种形式的条件语句，包括 if 语句、if…else 语句、if…else if 语句和 switch…case 语句。

1.if 语句

if 语句的语法格式如下。

if(条件表达式){ 语句块 }

这是一个单分支结构的条件语句，其作用是：如果条件表达式为 true，就执行语句块中的语句。语句中的"条件表达式"一般为关系表达式或逻辑表达式。

2.if…else 语句

if…else 语法格式如下：

if(条件表达式){语句块 1}

else{ 语句块 2}

该语句的作用是：如果条件表达式的值为 true，则执行 if 后面的语句块 1；如果条件为 false，则执行 else 后面的语句块 2。

3.if…else if 语句

if…else if 语法格式如下。

if(条件表达式 1){语句块 1}

else if(条件表达式 2){语句块 2}

…

else if(条件表达式 n){语句块 n}

else { 语句块 n+1}

该语句的作用是：按顺序依次测试条件表达式 1、条件表达式 2…、条件表达式 n，一旦满足某个条件，就执行相应的语句块，后面的语句不判断也不执行。如果所有的条件表达式都为 false，则执行 else 语句后面的语句块 n+1。

4.switch…case 语句

switch…case 语句的语法格式如下。

switch(表达式)

{case 常量表达式 1:

*   语句块 1;break;*

case 常量表达式 2:

*   语句块 2;break;*

…

case 常量表达式 n:

*   语句块 n;break;*

default:

*   语句块 n+1;break;*

}

switch…case 语句的执行过程是，首先计算表达式的值，然后将表达式的值依次与常量表达式 1、常量表达式 2、……、常量表达式 n 比较，如果与某一个常量表达式匹配，则执行该 case 分支下的语句块，并通过 break 语句跳出 switch 分支结构。当所有条件不匹配时，则执行 default 后的语句块 n+1。

A.4.2　循环语句

循环是指在一定条件下，多次重复执行一组语句的结构。重复执行的语句称为循环体。C# 中循环语句包括：while 循环、do…while 循环、for 循环和 foreach 循环。

1.while 语句

当循环次数不确定时，可以使用 while 循环语句，其一般格式如下。

while(条件表达式)

{ 循环体 }

while 语句首先计算条件表达式，返回一个布尔值。当条件表达式为 true 时，执行循环体。接下来程序返回到条件表达式继续判断并执行循环体，直到条件表达式为 false。

2.do…while 语句

do…while 语句的一般格式如下。

do

　　{ 循环体 }

while(表达式)

do…while 语句首先执行循环体，然后判断条件，决定是否继续执行循环。如果条件为 true，就返回执行循环体；如果条件为 false，则终止循环。

与 while 语句不同的是，do…while 语句的循环体至少执行一次。

3.for 语句

for 循环语句的语法格式如下。

for(表达式 1; 表达式 2; 表达式 3)

{ 循环体 }

其执行过程是：首先计算表达式 1 的值；接着判断表达式 2 的值，如果为 true 则执行循环体，然后计算表达式 3 的值；继续判断表达式 2 的值，直到表达式 2 为 false，则结束循环。

4.foreach 语句

foreach 语句是 C# 专门用来为处理数组和集合等数据类型的语句，其语法格式如下。

foreach(数据类型 循环变量名 in 数组名或集合名)

{ 循环体 }

说明：循环变量用来逐一存放数组或集合元素的内容，数据类型必须与数组或集合元素的数据类型一致；数组元素的个数决定循环体执行的次数。

5. 跳转语句

跳转语句主要用来改变程序执行顺序的语句，它包括 break 语句和 continue 语句。

break 语句主要用于 switch 语句和循环语句中。在 switch 语句中主要用来跳出 switch 结构，进而执行 switch 结构后的语句；在循环语句中主要用来跳出循环结构，执行循环外后面的语句。break 语句在循环体中一般和 if 语句结合使用。

continue 语句主要用于循环语句中，用来结束本次循环，进入下一次循环。在循环体中当执行到 continue 语句后，continue 后的语句将不再执行，直接执行下一次循环的判断。

A.5 数组

数组是一组具有相同类型和名称的变量的集合，组成数组的这些变量称为数组元素。每个数组都有一个编号，这个编号称为数组的下标（或索引值），可以通过数组名和下标来区分和访问数组元素。C# 数组的下标是从 0 开始。

A.5.1 一维数组

1. 一维数组的声明
一维数组的声明语法格式如下。

数据类型 *[]* 数组名 ；

定义数组后必须对数组进行初始化，初始化后的数组才能使用

2. 一维数组初始化
初始化数组可以采用静态初始化和动态初始化两种方法。当数组元素个数不多时，可以采用静态初始化，静态初始化必须与数组定义结合在一起，语法格式如下。

数据类型 *[]* 数组名 *={ 元素 1,[数组 2,…]}* ；

当数组元素个数较多且不能穷举时，可以使用动态初始化，动态初始化数组必须使用 new 运算符为数组元素分配内存空间，并为数组元素赋初值，其语法格式如下。

数据类型 *[]* 数组名 *= new* 数据类型 *[数组长度]* ；

3. 一维数组的使用
定义并初始化数组之后就可以访问数组元素了，访问数组元素是通过数组名和下标来实现的，数组元素的下标可以是整型常量、变量，也可以是整型类型的表达式。

A.6 面向对象程序设计

C# 是面向对象程序设计语言，它以数据为中心，类作为表现数据的工具，类是划分程序的基本单位。

A.6.1 面向对象的基本概念

1. 对象的概念
面向对象的程序设计是围绕显示世界中的实体来组织软件的模型，用程序中的对象来描述问题空间的实体。程序中的对象是现实世界实体的抽象，反映了显示世界实体的属性和行为，实现了数据和行为的封装。程序中的对象就是一组变量和相关方法的有机结合体，其中变量表明对象的属性，方法表明对象所具有的行为。

2. 类的概念

对象在程序中是通过一种抽象数据类型来描述的，这种抽象数据类型称为类。类是具有相同操作功能和相同数据格式的对象的集合和抽象描述。一个类的定义是对一类对象的描述，是构造对象的模板。对象是类的具体实例，使用一个类可以创建多个对象。

A.6.2　C# 语言中的类

1. 类的定义
C# 中类的定义格式如下。

[修饰符] class 类名

{

　　// 成员变量的定义

　　[修饰符] 数据类型 成员变量 [= 初值];

　　// 成员方法的定义

　　[修饰符] 返回值类型 成员方法名 (参数列表)

　　{

　　　　　　方法体;

　　}

}

（1）类的修饰符包括 public、abstract、sealed、new，成员变量和成员方法的修饰包括 public、private、protected、internal、protected internal。

（2）一个类中可以定义多个成员变量和成员方法。

（3）成员变量还可以有静态成员修饰符 static，static 表示该成员变量是静态变量，也称为类变量。没有 static 修饰的变量称为实例变量。类变量和实例变量的区别在于：类变量必须通过"类 . 变量名"进行引用，而实例变量通过"对象 . 变量名"来引用。

（4）成员方法类似于函数。它包括方法的声明及方法的主体。方法的主体是实现方法功能的语句块。类成员方法还可以有 static、extern、override、virtual 等修饰符。static 表示该方法是静态方法，只能使用"类 . 方法名"调用，没有用 static 修饰的方法称为实例方法，只能用"对象 . 方法名"。extern 指示引用的是外部方法。override 表示该方法是覆盖方法。virtual 表示该方法是虚方法，可以被子类覆盖。

2. 构造方法
创建对象时，需要用到构造方法。构造方法是一种特殊的成员方法，其名称与类名相同，并且没有返回值类型。构造方法不能直接调用，而是在创建对象时系统自动地进行调用，以便完成对象的初始化。

如果一个类中没有定义构造方法，系统将提供一个默认的构造方法。默认的构造方法没有参数，也没有任何操作语句。

在同一个类中可以有多个构造方法，实现构造方法的重载，即多个构造方法的方法名相同，但方法的参数个数或参数类型不同。

3. 方法的参数传递

（1）值传递

值传递是将值传给方法，参数不含任何修饰符，方法中对形式参数的操作不会影响实际参数的值。

（2）引用型参数传递

引用型参数传递中，方法参数以 ref 作为修饰符，方法中对形式参数的操作会影响到实际参数的值。

（3）输出型参数传递

输出型参数传递中，方法参数以 out 作为修饰符，方法中对形式参数的操作会影响到实际参数的值。它与引用型参数传递的差别在于调用方法前无需对变量进行初始化。

4. 对象

（1）对象的创建

在 C# 中，创建对象的语法格式如下。

类名 对象名称 = new 类名（参数值）;

（2）对象的使用

对象不仅可以使用成员变量，也可以使用成员方法。对象通过使用运算符"．"实现对成员变量的方法和成员方法的调用。

5. 类成员的访问控制

（1）public

由 public 修饰的类的方法和成员变量可以被任何类的方法访问。

（2）private

由 private 修饰的类的方法和成员变量只能被所属类的方法访问。

（3）protected

由 protected 修饰的类的方法和成员变量只能被所属类和其子类的方法访问。

（4）internal

由 internal 修饰的类的方法和成员变量只能被同一工程中的类的方法访问。

（5）protected internal

由 protected internal 修饰的类的方法和成员变量只能被该类的子类和同一工程中的任何类的方法访问。

A.6.3　类的继承

在 C# 语言中，所有的类都是直接或间接地继承 System.Object 类而得到的。被继承的类型称为父类，继承而得到的类称为子类。子类继承父类的变量和方法，同时也可以将其修改，并增加新的变量和方法。

1. 创建子类

创建子类的格式如下。

class 子类名 : 父类名

{

//成员变量的定义

```
//成员方法的定义
}
```

（1）一个子类最多只能继承一个父类。

（2）子类将从父类继承而来的成员作为是自己的成员。

（3）子类不能继承父类用 private 修饰的成员。

（4）当创建子类对象时，先执行父类的构造方法，再执行子类的构造方法。

2.base 的使用

在类继承中，如果在子类中定义了与父类同名的成员，则父类的成员不能被直接使用，此时称子类的成员隐藏了父类的成员。

如果想在子类中使用被子类隐藏的父类成员，可以使用 base 关键字。其格式如下。

base. 成员变量名 *;*

或

base. 成员方法名 *(* 参数 *);*

3.this 的使用

当成员方法的形式参数与成员变量同名，或成员方法内的局部变量与成员变量同名时，为了在成员方法中使用成员变量，需要使用 this 关键字。

this 代表了当前对象本身，是当前对象的一个直接引用。使用 this 的格式如下。

this. 成员变量名 *;*

或

this. 成员方法名 *(* 参数 *);*

A.6.4   接口

接口类似于类，但接口中只有成员的声明，接口本身不提供对它所声明的方法的实现，它的实现是在继承这个接口的各个类中完成的。

1. 接口的定义

C# 中接口的定义格式如下。

interface 接口名

{

返回值类型 成员方法名 *(* 参数列表 *);*

}

（1）接口成员都是公有的，也就是接口成员前不能加任何修饰符。

（2）接口中没有构造方法，接口中所有方法都没有提供实现。

（3）接口中不能定义成员变量。

2. 接口的实现

接口中定义的方法都没有实现，需要类为这些方法定义具体的操作来实现该借口。类继承接口的格式如下。

class 类名 *:* 接口名 *1[,* 接口名 *2,…]*

{

```
//成员变量的定义
//成员方法的定义
}
```

（1）“:”表示这个类实现某个接口，一个类可以实现多个接口，之间用“,”隔开。

（2）类体中必须实现接口中的所有方法。即类中的方法必须使用和接口中完全相同的方法名、返回值类型、参数个数和参数类型，其类中的该方法要用 public 修饰。

A.7 异常处理

程序运行中出现的错误有两种：可预料的和不可预料的。对于可以预料的错误，可以通过逻辑判断来避免。但是对于不可预料的错误，例如，在发送网络请求时网络中断，又怎么处理呢？C# 语言提供了处理这些情形的机制称为异常处理。

A.7.1   try…catch…finally

C# 语言包含结构化异常处理的语法，其中使用到了三个关键字：try、catch 和 finally。它们都有一个关联的代码块（这些代码块必须连续的），其基本结构如下。

```
try
{
    //正常代码
}
catch(Exception e)
{
    //异常处理代码
}
finally
{
    //做一些清理工作的代码
}
```

也可以只有 try 块和 finally 块，而没有 catch 块；或者有一个 try 块和好几个 catch 块。如果有一个或多个 catch 块，finally 块就是可选的，否则就是必须有的。

这些代码块的含义如下：

（1）try 块：包含可能产生（或导致）异常的代码。

（2）catch 块：包含在产生异常时要执行的代码。catch 语句后参数可以紧跟一个异常类对象，它表示该 catch 块所能处理的异常类型，如果参数是 Exception 类对象，则表明 catch 块将能处理所有的异常。

（3）finally 块：包含总是会执行的代码，如果没有产生异常，则在 try 块之后执行；如果产生了异常，就在 catch 块执行后执行。

异常处理的规则描述如下：

程序流进入 try 块，如果没有错误发生，就会正常执行操作，执行完毕后将自动进入 finally 块，这个块通常包含处理操作结束后清理资源的指令。如果在 try 块的执行中遇到一个错误，执行流将立即离开 try 块，进入标记为处理该类错误的 catch 块，在 catch 块执行完成后，执行流同样会自动进入 finally 块，执行最后的操作。

附录 B：综合项目要求

B.1　项目目标

（1）通过开发一个综合的中小型网站，对前面所学知识加以综合和巩固。

（2）了解网站开发的一般过程并能够遵守软件开发规范。

B.2　项目要求

随着互联网宽带和技术应用的成熟，以及物流和支付系统的完善，可以预见：电子商务将成为互联网普及应用的主流，必将影响着千家万户的生活和经济行为，并日益成为社会商业活动的重要形式。本综合项目要求实现一个中小型电子商务网站，可以是B2C 结构，也可以是 C2C 结构。该网站至少必须涵盖用户注册登录、商品展示、购物车处理、历史订单、订单提交、在线支付、后台订单处理等几个功能模块。建议以 3～4人为一组，遵循软件规范，完成该电子商务网站的设计与实现。具体步骤如下。

（1）完成需求分析，确定网站的主要功能，完成网站需求分析报告。

（2）完成网站设计，包括架构设计、数据库设计、界面设计以及模块设计 4 个部分，确定网站建设的技术重点以及数据字典，完成网站设计报告书。

（3）实现网站，包括网站的静态页面设计以及动态代码实现，提供源代码。

（4）部署网站，以供测试和检查。

B.2.1　撰写综合项目的需求说明书

要求：撰写所开发电子商务网站的需求说明书，确定网站的主要功能。要求符合CMMI3 级标准或软件开发国家标准中的软件文档写作规范。

B.2.2　撰写综合项目设计的设计报告

要求：撰写所开发电子商务网站的设计报告书，包括体系结构设计报告、数据库设计报告、界面设计报告以及模块设计报告，确定网站建设的技术重点以及数据字典。要求符合 CMMI3 级标准或软件开发国家标准中的软件文档写作规范。

B.3　基于 CMMI3 的软件文档写作模板

机构图标

｛项目名称｝

需求说明书

文件状态：	文件标识：	RD
【√】草稿	当前版本：	1.0
【 】正式发布	作者：	XX
【 】正在修改	完成日期：	Year － Month － Day

机构公开信息

版本历史

版本、状态	作者	参与者	起止日期	备注

目录

0. 文档介绍

0.1 文档目的

0.2 项目背景

0.3 读者对象

0.4 参考文献

提示：列出本文档的所有参考文献（可以是非正式出版物），格式如下。

［标识符］作者，文献名称，出版单位（或归属单位），日期

例如：

[AAA] 作者，《立项建议书》，机构名称，日期

[SPP-PROC-PP]SEPG，项目规划规范，机构名称，日期

0.5 术语与缩写解释

缩写、术语	解释
DFD	数据流图，Data Flow Diagram
DD	数据字典，Data Dictionary

1. 产品介绍

（1）说明产品是什么，什么用途？

（2）介绍产品的开发背景。

2. 产品面向的用户群体

（1）描述产品面向的用户（客户、最终用户）的特征。

（2）说明本产品将给他们带来什么好处，他们选择本产品的可能性有多大？

3. 产品应当遵循的标准或规范

阐述本产品应当遵循什么标准、规范或业务规则。

4. 产品的功能性需求

4.1 功能性需求描述：将功能性需求分类说明。

功能 A：

功能 A.1 功能名字

功能描述：

输入：

输出：

补充说明：

功能 A.2

功能 B：

功能 B.1

功能 B.2

4.2 DFD

4.3 DD

5. 产品的非功能性需求

5.1 用户界面需求

需求名称	详细要求

5.2 软硬件环境需求

需求名称	详细要求

5.3 产品质量需求

主要质量属性	详细要求
正确性	
健壮性	
可靠性	
效率	
易用性	
清晰性	
安全性	
可扩展性	
兼容性	
可移植性	

......

5.n 其他需求

机构图标

｛项目名称｝

体系结构设计报告

文件状态：	文件标识：	RD
【√】草稿	当前版本：	1.0
【 】正式发布	作者：	XX
【 】正在修改	完成日期：	Year － Month － Day

机构公开信息

版本历史

版本、状态	作者	参与者	起止日期	备注

目录

0. 文档介绍

0.1 文档目的

0.2 项目背景

0.3 读者对象

0.4 参考文献

提示：列出本文档的所有参考文献（可以是非正式出版物），格式如下。

[标识符] 作者，文献名称，出版单位（或归属单位），日期

例如：

[AAA] 作者，《立项建议书》，机构名称，日期

[SPP-PROC-PP]SEPG，项目规划规范，机构名称，日期

0.5 术语与缩写解释

缩写、术语	解释
SC	结构图，Structure Chart

1. 系统概述

（1）说明本系统"是什么"。

（2）描述本系统的主要功能。

2. 设计约束

（1）需求约束。例如：

● 本系统应当遵循的标准或规范。

● 软件、硬件环境（包括运行环境和开发环境）的约束。

● 接口／协议的约束。

● 用户界面的约束。

● 软件质量的约束，如正确性、健壮性、可靠性、效率（性能）、易用性、清晰性、安全性、可扩展性、兼容性、可移植性。

（2）隐含约束。有一些假设或依赖并没有在需求文档中明确指出，但可能会对系统

设计产生影响，设计人员应当尽可能地在此处说明。例如对用户教育的程度、计算机技能的一些假设或依赖，对支撑本系统的软硬件的假设或依赖等。

3. 设计策略

体系结构设计人员根据产品的需求与发展战略，确定设计策略。例如：

（1）扩展策略。说明为了方便本系统在将来扩展功能，现在有什么措施。

（2）复用策略。说明本系统在当前以及将来的复用策略。

（3）折衷策略。说明当两个目标难以同时优化时如何折中，例如"时－空"效率折中，复杂性与实用性折中。

4. 系统总体结构

将系统分解为若干子系统，绘制结构图，说明各子系统的主要功能。

5. 子系统 N 的结构与功能

将子系统 N 分解为模块，绘制结构图，说明各模块的主要功能。

6. 开发环境的配置

说明本系统应当在什么样的环境下开发，有什么强制要求和建议。

类别	标准配置	最低配置
计算机硬件		
软件		
网络通信		
其他		

7. 运行环境的配置

说明本系统应当在什么样的环境下运行，有什么强制要求和建议。

类别	标准配置	最低配置
计算机硬件		
软件		
网络通信		
其他		

8. 测试环境的配置

说明本系统应当在什么样的环境下测试，有什么强制要求和建议。

（1）一般情况下，单元测试、集成测试环境与开发环境相同。

（2）一般情况下，系统测试、验收测试环境与运行环境相同或相似（更加严格）。

机构图标

｛项目名称｝

数据库设计报告

文件状态：	文件标识：	SD-DATABASE
【√】草稿	当前版本：	1.0
【 】正式发布	作者：	XX
【 】正在修改	完成日期：	Year － Month － Day

机构公开信息

版本历史

版本、状态	作者	参与者	起止日期	备注

目录

0. 文档介绍

0.1 文档目的

0.2 项目背景

0.3 读者对象

0.4 参考文献

提示：列出本文档的所有参考文献（可以是非正式出版物），格式如下。

［标识符］作者，文献名称，出版单位（或归属单位），日期

例如：

[AAA] 作者，《立项建议书》，机构名称，日期

[SPP-PROC-PP]SEPG，项目规划规范，机构名称，日期

0.5 术语与缩写解释

缩写、术语	解释
ERD	

1. 数据库环境说明

（1）说明所采用的数据库系统，设计工具，编程工具等。

（2）详细配置。

2. 数据库的命名规则

（1）完整并且清楚地说明本数据库的命名规则。

（2）若本数据库的命名规则与机构的标准不完全一致，请做出解释。

3. 逻辑设计

数据库设计人员根据需求文档，创建与数据库相关的那部分实体关系图。如果采用面向对象方法，这里给出类图。

4. 物理设计

主要是设计表结构。一般地，实体对应于表，实体的属性对应于表的列，实体之间的关系成为表的约束。逻辑设计中的实体大部分可以转换成物理设计中的表，但是它们并不一定是一一对应的。

4.1 表汇总

表名	功能说明
表 A	
表 B	

4.2 表 A

表名			
列名	数据类型（精度范围）	空／非空	约束条件

……

4.n 表 N

表名			
列名	数据类型（精度范围）	空／非空	约束条件

5. 安全性设计

5.1 防止用户直接操作数据库的方法

用户只能用账号登录到应用软件，通过应用软件访问数据库，而没有其他途径操作数据库。

5.2 用户账号密码的加密方法

对用户账号的密码进行加密处理，确保在任何地方都不会出现密码的明文。

5.3 角色与权限

确定每个角色对数据库表的操作权限，如创建、检索、更新、删除等。

角色	可以访问的表与列	操作权限
角色 A		
角色 B		

6. 优化

分析并优化数据库的"时－空"效率，尽可能地"提高处理速度"，并且"降低数据占用空间"。

（1）分析"时－空"效率的瓶颈，找出优化对象（目标），并确定优先级。

（2）当优化对象（目标）之间存在对抗时，给出折中方案。

（3）给出优化的具体措施，例如优化数据库环境参数，对表格进行反规范化处理等。

优先级	优化对象（目标）	措施

7. 数据库管理与维护说明

机构图标

｛项目名称｝

用户界面设计报告

文件状态： 【√】草稿 【 】正式发布 【 】正在修改	文件标识：	SD-UI
	当前版本：	1.0
	作者：	XX
	完成日期：	Year － Month － Day

机构公开信息

版本历史

版本、状态	作者	参与者	起止日期	备注

目录

0. 文档介绍

　0.1 文档目的

　0.2 项目背景

　0.3 读者对象

　0.4 参考文献

提示：列出本文档的所有参考文献（可以是非正式出版物），格式如下。

［标识符］作者，文献名称，出版单位（或归属单位），日期

例如：

[AAA] 作者，《立项建议书》，机构名称，日期

[SPP-PROC-PP]SEPG，项目规划规范，机构名称，日期

　0.5 术语与缩写解释

缩写、术语	解释
SD	
UI	

1. 应当遵循的界面设计规范

　　结合用户需求和机构的《软件用户界面设计指南》，阐述本软件用户界面设计应当遵循的规范（原则、建议等）。

2. 界面的关系图和工作流程图

　　（1）给所有界面视图分配唯一的标示符。

　　（2）绘制各个界面之间的关系图和工作流程图。

3. 主界面

　　（1）绘制主界面的视图。

　　（2）说明主界面中所有对象的功能和操作方式。

4. 子界面A

　　（1）绘制子界面A的视图。

　　（2）说明子界面A中所有对象的功能和操作方式。

5. 子界面B

6. 美学设计

　　（1）阐述界面的布局及理由。

（2）阐述界面的色彩及理由。

7. 界面资源设计

7.1 图标资源。

7.2 图像资源。

7.3 界面组件

机构图标

｛项目名称｝

模块设计报告

文件状态：	文件标识：	SD-MODULE
【√】草稿	当前版本：	1.0
【　】正式发布	作者：	XX
【　】正在修改	完成日期：	Year — Month — Day

机构公开信息

版本历史

版本、状态	作者	参与者	起止日期	备注

目录

0. 文档介绍

0.1 文档目的

0.2 项目背景

0.3 读者对象

0.4 参考文献

提示：列出本文档的所有参考文献（可以是非正式出版物），格式如下。

[标识符] 作者，文献名称，出版单位（或归属单位），日期

例如：

[AAA] 作者，《立项建议书》，机构名称，日期

[SPP-PROC-PP]SEPG，项目规划规范，机构名称，日期

0.5 术语与缩写解释

缩写、术语	解释
Module	
PDL	
PFC	

1. 模块命名规则

模块设计人员确定本软件的模块命名规则（例如类、函数、变量等），确保模块设计文档的风格与代码的风格保持一致。可以从机构的编程规范中摘取或引用（如果存在的话）。

2. 模块汇总

2.1 模块汇总表

子系统 A	
模块名称	功能描述

子系统 B	
模块名称	功能描述

2.2 模块关系图

参考体系结构设计文档。

3. 子系统 A 的模块设计

模块 A-N

模块名称	
功能描述	
接口与属性	提示：说明函数功能、输入参数、输出参数、返回值等。
数据结构与算法	
补充说明	

4. 子系统 B 的模块设计

模块 B-N

模块名称	
功能描述	
接口与属性	提示：说明函数功能、输入参数、输出参数、返回值等。
数据结构与算法	
补充说明	

参考文献

[1]Jesse Liberty Dan Hurwitz. ASP.NET Programming[M]. 南京：东南大学出版社,2006.

[2]Microsoft 公司． 面向.NET 的 Web 应用程序设计 [M]. 北京：高等教育出版社,2004.

[3]刘艳丽，张恒．ASP.NET 4.0 Web 程序设计 [M]. 北京：人民邮电出版社,2012.

[4]翁健红．基于 C# 的 ASP.NET 程序设计 [M]. 北京：机械工业出版社,2007.

[5]张昌龙．ASP.NET 4.0 从入门到精通 [M]. 北京：机械工业出版社,2011.

[6]陈承欢．ADO.NET 数据库访问技术案例教程 [M]. 北京：人民邮电出版社,2008.

[7]郭兴峰，陈建伟．ASP.NET 动态网站开发基础教程 [M]. 北京：清华大学出版社,2006.

[8]郑阿奇．ASP.NET 4.0 实用教程 [M]. 北京：电子工业出版社,2013.

[9]国家职业技能鉴定专家委员会，计算机专业委员会．因特网应用（ASP 平台）ASP.NET 试题汇编（高级管理员级）[M]. 北京：电子科技大学出版社，北京希望电子出版社,2004.

[10]杨学全．C# 技术基础 [M]. 北京：高等教育出版社,2008.

[11]陈建伟，张波．Visual C# 2010 程序设计教程 [M]. 北京：清华大学出版社,2012.

[12]郝春强．C# 基础与实例教程 [M]. 北京：中国电力出版社,2007.

[13]黎卫东．ASP.NET 网络开发入门与实践 [M]. 北京：人民邮电出版社,2006.

[14]张正礼．ASP.NET 4.0 网站开发与项目实战 [M]. 北京：清华大学出版社,2012.

[15]Microsoft Visual Studio 2010 文档．Microsoft 公司．

[16]Microsoft 公司．MSDN 库 [EB/OL]. http://msdn.microsoft.com/zh-cn/library/default.aspx.

[17]Microsoft 公司．MSDN 库 [EB/OL]. http://msdn.microsoft.com/zh-cn/library/bb398992.aspx.